LA PSYCHOLOGIE

DE LA FORCE

PAR

AUGUSTE BRASSEUR

Ingénieur honoraire des Mines.

PARIS

FÉLIX ALCAN, ÉDITEUR

LIBRAIRIES FÉLIX ALCAN ET GUILLAUMIN RÉUNIES

108, BOULEVARD SAINT-GERMAIN, 108

1907

LA PSYCHOLOGIE
DE LA FORCE

LA PSYCHOLOGIE

DE LA FORCE

PAR

AUGUSTE BRASSEUR

Ingénieur honoraire des Mines.

PARIS

FÉLIX ALCAN, ÉDITEUR

LIBRAIRIES FÉLIX ALCAN ET GUILLAUMIN RÉUNIES

108, BOULEVARD SAINT-GERMAIN, 108

1907

LA

PSYCHOLOGIE DE LA FORCE

INTRODUCTION

1. — De même que Copernic a donné le coup de mort au dogme géocentrique fondé sur la Bible, et Darwin le coup de mort au dogme anthropocentrique intimement lié au premier, ainsi que le remarque Ernest Haeckel, les cartésiens ont attaqué le dogme de l'existence réelle de la force, soutenu principalement par la théocratie et la métaphysique.

Si les cartésiens ont échoué dans leur entreprise, c'est que des obstacles nombreux que nous n'avons pas à rappeler ici ont entravé le travail d'épuration philosophique qu'ils poursuivaient.

Aujourd'hui, les sciences et les idées ont fait du chemin ; la physique, la chimie et la physiologie ont déjà élagué du domaine scientifique la plupart des concepts métaphysiques qui l'encombraient. Il est donc permis de reprendre et de poursuivre la thèse des cartésiens avec des appuis nouveaux et des chances sérieuses de succès. Tel est l'objet du présent travail.

2. — On pourrait objecter que la question qui nous occupe

est résolue depuis longtemps. Oui, sans doute, pour les philosophes positivistes et certains physiciens et mathématiciens.
Il y a plus de vingt ans, que M. Bernard Perez écrivait :
« Les sciences physiques peuvent et doivent se débarrasser
de cette hypothétique notion de force. Et c'est ce qu'elles
font[1]. » Mais en est-il de même, par exemple, pour beaucoup
de psychologues ? Nous ne le pensons pas. Quant aux métaphysiciens, ils sont naturellement irréductibles. Au surplus,
si la question est résolue, pourquoi le mot *force* se retrouve-
t-il encore à chaque page dans des écrits scientifiques sérieux ?
Si l'on est d'accord sur le fond, pourquoi ne pas y con-
former la forme, en supprimant un mot qui n'a pas de signification précise et prête à tant d'ambiguïtés ?

3. — Si les vues exposées dans cette étude sont confirmées
par les faits ; si nos hypothèses et nos inductions sont
admises, la force, sans soutien comme sans utilité, sera dis-
qualifiée et se trouvera avantageusement remplacée par le
simple *mouvement synthétisé*. Elle restera reléguée dans les
sciences exactes où, dans les calculs, elle abrège le langage
et ne conduit à aucune erreur. Il reste entendu que, dans ce
cas, le mot *force* recevra une définition précise.

Il y aurait, semble-t-il, au changement que nous propo-
sons de nombreux avantages. En voici un qui est capital :
c'est que le mouvement paraissant universel dans tout ce
qui nous entoure, acquerrait la même importance partout,
dans les différents corps de la nature. Ces derniers posséde-
raient donc en eux la raison même de leur activité, sans
qu'il soit besoin de la supposer venir du dehors.

1. *Revue philosophique*, 1885.

Cette vue doit avoir échappé aux cartésiens, car elle rend caduque l'hypothèse des tourbillons dont on trouve d'ailleurs les germes dans Lucrèce.

4. — Il n'est pas possible d'admettre avec Descartes que tous les mouvements du Cosmos s'expliquent par des causes *externes*. Dans cette hypothèse, en effet, on trouve l'univers séparé en deux parties, l'une contenant les mouvements et l'autre renfermant les *causes* de ces mouvements. Ces deux divisions pourraient même être enchevêtrées, de telle façon qu'un mouvement se produisant *ici* ait sa cause *là*. Une telle conception complique le problème sans nécessité aucune, si ce n'est celle d'être conforme au *mécanisme* de Descartes. On peut même se demander si cette considération n'a pas engagé Leibniz à abandonner le *mécanisme* pour adopter le *dynamisme*.

5. — Nous avons vainement cherché dans les écrits d'Euler les raisons qui ont déterminé cet illustre géomètre à affirmer que la gravité n'était pas une propriété des corps. Euler se rangeait vraisemblablement à l'avis de Newton qui attribuait la pesanteur à un fluide partout répandu et dont la densité croissait en raison du carré de la distance aux corps célestes. Sans doute, après Galilée et Newton, les mathématiciens ont cherché à remplacer le caractère téléologique des phénomènes par l'explication causale; dans ce but, ils ont extériorisé la *cause* ou la *force*. Mais Euler ne va-t-il pas trop loin dans son affirmation? Ecoutons-le : « La gravité n'est pas une propriété intégrale des corps; elle est plutôt l'effet d'une force étrangère, dont il faut chercher la source hors

des corps. Cela est géométriquement sûr, quoique nous ne connaissions point ces forces étrangères qui causent la gravité[1]. »

On peut objecter à cette observation que, si ce sont des *forces mécaniques* qui agissent du dehors par un intermédiaire inconnu, leur action doit être en raison des surfaces et non de la quantité de matière (masse), comme cela se passe en réalité. Relevons encore cette juste remarque d'Arago : « Si l'attraction était le résultat de l'impulsion d'un fluide, son action devrait employer un temps défini à traverser les immenses espaces qui séparent les corps célestes, tandis qu'il n'y a aucune raison de douter qu'elle soit instantanée[2]. »

L'état radiant, entrevu par Faraday et devenu une réalité grâce aux travaux de l'illustre Crookes, pourrait peut-être donner une explication satisfaisante de la gravité, explication conforme aux vues que nous défendons[3].

A l'affirmation si catégorique d'Euler, nous préférons encore la réserve de Lucrèce quand il écrit à propos des *causes* des mouvements du Cosmos :

> *Nam qiud in hoc mundo sit corum, ponere certum*
> *Difficile est : sed quid possit fiatque per omne*
> *In variis mundis, varia ratione créatis,*
> *Id docco, pluresque sequor disponere causas,*
> *Motibus astrorum quæ possint esse per omne :*
> *E quibus una tamen siet hæc quoque causa necesse est,*
> *Quæ regeat motum signis : sed quæ sit earum*
> *Præcipere. haud quaquam est pedetentim progredientis, etc.[4]*

6. — Sans doute, il peut sembler commode, quand un

1. *Lettres à une princesse d'Allemagne.* LXXV.
2. Maurice Boucher. *Essai sur l'hyperespace,* etc. (Paris, F. Alcan).
3. Voir au livre du *Mouvement,* chap. VIII. 1.
4. Lucrèce. *De natura rerum,* liv. V.

phénomène déjoue notre sagacité, d'en attribuer la *cause* à une force étrangère inconnue. Mais cette manière d'interpréter et de classer les faits ne saurait satisfaire l'esprit, car elle explique une *inconnue* par une autre *inconnue*, sans profit aucun pour la classification scientifique. D'un autre côté, il répugne à la philosophie positive d'admettre que tous les corps reçoivent leur mouvement du dehors et soient, pour ainsi dire, le jouet d'une activité mystérieuse étrangère.

Il est plus simple, du moins nous le pensons, de supposer que les qualités des corps sont internes, et que le mouvement immanent qui anime la matière produit dans cette dernière les manifestations diverses que nous observons.

Les théories nouvelles paraissent appuyer ces vues.

L'hypothèse des *ions*, d'où est sorti l'électron, a conduit à donner à l'électricité une structure atomique. La théorie ancienne de la matière est profondément modifiée. L'ancien atome matériel devient un système d'*électrons* positifs unis à un nombre égal d'*électrons* négatifs, et les forces atomiques et moléculaires ont fait place aux forces électromagnétiques des *électrons*. Dans cette hypothèse, on a cherché à expliquer la gravitation, sans recourir à l'action mystérieuse d'une force étrangère agissant des *confins* de l'univers.

7. — Dans l'ordre moral comme dans l'ordre social, le concept *force* ne se comprend pas plus que dans l'ordre physique. Ce point demande quelques développements. Entre les *mouvements* divers qui animent l'individu, il s'établit forcément à la longue un équilibre dynamique. L'homme cherche la *concordance*, la *conformité*, l'*harmonie*, pour assurer sa conservation. On pourrait peut-être reconnaître

également une loi d'harmonie à l'ordre physiologique. Bain pensait « qu'un certain nombre de faits permettaient de croire à l'existence d'une loi générale d'harmonie qui tient sous sa dépendance le système nerveux tout entier[1] ». Nous n'insistons pas sur cette question spéciale.

L'équilibre dynamique tend également à s'établir entre les mouvements de tous les individus d'une nation. Le même phénomène se produit, mais à l'état rudimentaire, entre les diverses nations entre elles.

Précisons notre pensée. L'humanité prise dans ses grandes lignes, dans l'espace et dans le temps, si l'on fait abstraction des *regrès* accidentels, marche et progresse. « Parmi les résultats généraux qui sortent de l'étude de l'histoire, écrit l'illustre Berthelot, il en est un fondamental au point de vue philosophique : c'est la loi du progrès incessant des sociétés humaines, progrès dans la science, progrès dans les conditions matérielles d'existence, progrès dans la moralité, tous trois corrélatifs... La somme du bien va toujours en augmentant, et la somme du mal en diminuant, à mesure que la somme de vérité augmente et que l'ignorance diminue dans l'humanité[2]. »

Nous est avis que cette marche et ce progrès ne peuvent être attribués à des mouvements incohérents entre eux. Il est plus scientifique d'admettre, pensons-nous, que ces mouvements se sont *ordonnés*. Plus encore. Il est visible que l'humanité s'oriente vers la justice, donc vers l'harmonie, avec toutes les lenteurs qui caractérisent les systèmes compliqués.

1. Bain. *Les sens et l'intelligence*, chap. IV.
2. Berthelot. *Science et Philosophie; science idéale et science positive.*

Les mouvements de chacune des unités composantes sont déjà, nous venons de le voir, en équilibre dynamique ; et quand tous ces systèmes particuliers auront pris la même orientation, on obtiendra l'harmonie générale, c'est-à-dire l'équilibre dynamique de la masse totale.

Actuellement, on constate déjà des tendances progressives. C'est un indice que les systèmes particuliers recherchent la même orientation, en vertu de la loi de l'*imitation* et des *nécessités* de la *conservation*.

Dans ces conditions, comment supposer des *forces* accomplissant tous ces divers mouvements, sans l'intervention d'un principe téléologique ? Kant a déclaré que la production d'êtres organisés ne pouvait s'expliquer par le simple mécanisme de la nature, mais qu'il était nécessaire d'avoir recours à un principe agissant avec finalité, donc à un principe surnaturel[1]. A plus forte raison, cette intervention serait nécessaire dans le cas qui nous occupe.

8. — Si, rejetant la *force*, on n'envisage que les seuls mouvements, on peut se rendre compte du mécanisme de la marche progressive. Voyons comment. D'abord, on a des mouvements unitaires ou individuels épars qu'on croit incohérents, parce que peu précis et d'ordres divers ; ils forment néanmoins dans chaque individu un équilibre dynamique par la nécessité de *conservation*. Ensuite, par l'orientation de ces systèmes, on a des mouvements de groupes ; la réunion de ces derniers donne lieu à des mouvements de cantons, lesquels à leur tour forment des mouvements de provinces et ces derniers aboutissent à des mouvements nationaux. En

1. Kant. *Critique du jugement téléologique.*

poussant plus loin encore la *composition*, on trouve, mais plus vaguement, des mouvements internationaux.

Tous ces systèmes, de plus en plus compliqués, cherchent, à l'exemple du premier et pour les mêmes raisons que lui, à orienter leurs mouvements. Et ainsi, l'humanité marche lentement, mais avec ensemble et sans l'aide d'aucun principe téléologique, vers un but qu'elle a longtemps ignoré. Ce but est la justice qui n'est que l'harmonie par la solidarité, c'est-à-dire en langage mathématique, l'équilibre dynamique de tous les mouvements.

Il n'est pas inutile de remarquer que cet équilibre général tend à se réaliser automatiquement par les seuls mouvements en jeu. C'est donc faire de la poésie et non de la philosophie positive, que de parler d'idéal poursuivi. Dans un monde qui ignore d'où il vient et ne sait où il va, une telle expression doit paraître déplacée.

9. — De bons esprits ont pensé qu'il était illusoire de supprimer la *force*, parce que celle-ci reparaîtrait promptement sous une autre forme quelconque. Il y a du vrai dans cette affirmation et aussi de l'exagération. Le vrai, c'est que le mot *force* est déjà quelque peu démodé et se trouve parfois évincé et remplacé par le mot *énergie* qui semble évoquer des vertus cachées. L'exagération réside dans le fait de croire que les métamorphoses du mot *force* puissent être indéfinies. Il est vraisemblable qu'après quelques transformations de l'espèce, le vide de ces changements se manifesterait clairement et finirait par entraver les dernières substitutions.

Nous estimons même que la disparition du concept *force*

amènerait des simplifications dans la coordination scientifique des phénomènes.

' 10. — Nous reconnaissons que ce travail d'épurement ne saurait se faire qu'avec peine et au milieu de violentes protestations. C'est qu'un mot qu'on rencontre à tout instant dans la science et dans la philosophie, un élément soutenu à la fois par la théocratie et la métaphysique comme le *deus ex machina* de tous les phénomènes, ne peut être évincé sans troubler profondément les habitudes acquises et les théories reçues. Mais ces considérations ne sauraient justifier le maintien d'un concept aussi vide que trompeur.

Les protestations, elles, sont les compagnes ordinaires de toutes les innovations. Copernic ne fut-il pas livré sur un théâtre aux huées du peuple ! Galilée fut voué également au ridicule par ses concitoyens et Képler ne récolta que l'indifférence hostile des siens. Harvey découvrant la circulation du sang, souleva en France un tollé général ; par dérision, ses partisans furent appelés *circulateurs !* Quand Bradley trouva la nutation qu'Euler devait plus tard démontrer, et créa la théorie de l'aberration, il ne rencontra, pendant des années qu'indifférence et incrédulité. Newton fut conspué à l'occasion de l'attraction universelle et Maupertins se vit violemment attaqué pour avoir énoncé le principe de la *moindre action.* Tous ceux qui doutaient de l'harmonie préétablie, rapporte Euler, passaient pour des ignorants ou des esprits fort bornés[1]. Les doctrines du grand de Humbold furent représentées au roi de Prusse, par les orthodoxes, comme « ennemies de la foi » et menaçant la religion. L'assimilation de la chaleur

1. Euler. LXXXIII.

à un travail mécanique valut à Mayer l'épithète « d'imbécile » !
De nos jours, n'a-t-on pas vu Darwin voué aux gémonies par
la foule des croyants, et l'illustre Lombroso renié à cause de
son type de criminel ! Les journaux pieux de Berlin n'ont-
ils pas reproché à Ernest Haeckel de « profaner honteusement »
la salle, de tout temps respectable, où l'illustre savant faisait
ses conférences !

Nous arrêtons cette liste, car il faudrait des volumes pour
établir le bilan des avanies qu'ont récoltées tous les hardis
penseurs.

11. — Malgré tous les obstacles, les idées nouvelles ont
fini par triompher et s'imposer. Actuellement encore, de
grands changements sont en élaboration et retiennent l'attention du monde scientifique. C'est ainsi, par exemple, que la
chimie a toujours considéré les atomes comme *fixes*, et voici
que la radioactivité paraît impliquer leur transformation. Plus
encore : non seulement, les atomes se transforment, mais ils
s'épuisent. On sait, en effet, que l'énergie émise dans les
corps *radiants* est une énergie atomique.

Dans les théories nouvelles, les atomes étant constitués
d'électrons, la matière perd son individualité, et la transformation des corps, l'un dans l'autre, devient admissible. Il y
a près d'un siècle, en 1816, Faraday prévoyait déjà la décomposition des métaux et la réalisation de la transmutation, idée
considérée jadis comme absurde.

Tout le monde sait qu'on a abandonné l'ancienne hypothèse
des fluides et qu'on l'a remplacée par celle de Faraday complétée par Maxwell. Enfin, on est arrivé à donner à l'électricité une *structure atomique*.

Pour la lumière, dans la théorie des ondulations, les vibrations mécaniques de l'éther constituaient les vibrations lumineuses. Dans la suite, les ondes lumineuses ont été considérées comme des ondes électromagnétiques ; finalement, cette dernière hypothèse a été complétée par le physicien hollandais Lorentz qui considère les *atomes matériels* et leur *charge électrique*. Décidément, de rudes épreuves se préparent pour le doctrinarisme scientifique.

12. — Quelle peut être la cause originelle de cette espèce d'apathie pour les idées nouvelles ? Sans contesté, l'influence religieuse qui a contaminé l'esprit scientifique pendant de nombreux siècles. C'est ainsi qu'au moyen âge et même longtemps après, on recherchait dans la nature le merveilleux plutôt que le vrai, le surprenant plutôt que le simple. Jusqu'à l'illustre Lagrange, les lois physiques sont fortement imprégnées de notions théologiques. Ainsi, pour Descartes, la *matière* et le *mouvement* sont deux constantes dans l'univers, parce que cette permanence seule peut s'accorder avec la stabilité du créateur[1]. Mais écoutons sur cette question M. E. Mach : « Les idées sur la façon d'évaluer la somme des quantités de mouvement se sont, dit-il, notablement modifiées de Descartes à Leibniz et plus tard chez leurs successeurs ; peu à peu, il en est résulté ce que l'on appelle aujourd'hui « principe de la conservation de l'énergie », mais ce n'est que fort lentement que le vieux fond théologique a disparu. Bien plus, on ne peut nier qu'à propos de cette loi bien des savants se laissent actuellement encore aller à un mysticisme d'un genre spécial.

1. Descartes. *Principes de la philosophie.*

« Pendant toute la durée des XVIe et XVIIe siècles, et jusqu'à la fin du XVIIIe, la tendance universelle était de voir dans chacune des lois physiques une ordonnance particulière du créateur. Un observateur attentif voit pourtant cette idée se transformer graduellement : tandis que pour Descartes et Leibniz, la physique et la théologie sont encore mêlées, plus tard on aperçoit un effort marqué, si pas pour écarter complètement la théologie, du moins pour la séparer nettement de la physique... Vers la fin du XVIIIe siècle, on est frappé par un revirement en apparence tout à fait subit, mais qui, au fond, est une conséquence nécessaire du processus du développement que nous avons décrit. Lagrange, après avoir, dans un écrit de jeunesse, voulu baser toute la mécanique sur le principe de la moindre action d'Euler, reprit à nouveau le même sujet et déclara qu'il voulait s'abstenir entièrement de toutes spéculations théologiques, comme très *nuisibles* et absolument étrangères à la science. Il reconstruisit la mécanique sur d'autres bases, et aucun esprit compétent ne peut nier la supériorité du nouvel exposé. Après Lagrange, tous les hommes de science adoptèrent sa manière de voir, et c'est ainsi que fut déterminée, dans son principe, la position actuelle de la physique vis-à-vis de la théologie.

« Environ trois siècles furent donc nécessaires pour que l'idée de la distinction complète entre la physique et la théologie se soit entièrement développée, depuis son premier germe chez Copernic jusqu'à Lagrange[1]. »

13. — Cette immixtion de la théologie dans les sciences

---

1. Ernest Mach. *La mécanique. Exposé théorique et pratique*, trad. par M. E. Bertrand.

remonte aux temps les plus reculés et s'explique par cette circonstance qu'à l'origine, la religion seule a commencé l'éducation de l'homme et produit une conception de l'univers. « Aux débuts de la civilisation, écrit Berthelot, toute connaissance affectait une forme religieuse ou mystique. Toute action était attribuée aux dieux identifiés avec les astres, avec les grands phénomènes célestes et terrestres, avec toutes les forces naturelles [1]. » C'est que l'observation et l'expérimentation étaient encore inconnues. Aussi, la raison n'est-elle intervenue que bien tard et bien timidement. « De là, dit Berthelot, une période nouvelle, demi-rationaliste et demi-mystique, qui a précédé la naissance de la science pure. Alors fleurirent les sciences intermédiaires, s'il est permis de parler ainsi : l'astrologie, l'alchimie, la vieille médecine des vertus des pierres et des talismans, sciences qui nous semblent aujourd'hui chimériques et charlatanesques [2]. »

14. — Cette éducation religieuse et la conception simpliste de l'univers étaient d'ailleurs imposées par les représentants de la théocratie sous les peines les plus terribles. Dans l'antiquité, Socrate boit la ciguë pour avoir déclaré que le soleil n'est pas un dieu, et Protagoras a le même sort parce qu'il est soupçonné d'athéisme. Platon lui-même doit fuir à l'étranger l'intolérance religieuse de ses compatriotes. Sans conteste, la théocratie a été utile pour discipliner l'esprit ; mais les religions qu'elle a produites ont généralement nui au développement des sciences positives, ainsi qu'on l'a vu durant le moyen âge et même encore deux siècles après. L'excommu-

_____

1. Berthelot. *Science et Philosophie ; Origines de l'Alchimie.*
2. *Ibid.*

nication est fulminée contre Roscelin, Abélard, Amoury ou
Amauri de Chartres et David de Dinant. André Vésale et
Galilée sont condamnés à mort par le Saint-Office, Michel
Servet est brûlé à Genève, Giordano Bruno à Rome, et Cam-
panella passe vingt-sept années en prison. Descartes, lui, ne
doit qu'à une circonstance fortuite d'avoir échappé au sort de
ces illustres victimes.

15. — Aujourd'hui, les sciences sont affranchies de tout
alliage théologique, mais l'esprit est resté craintif et comme
rebelle aux innovations : il est atteint de sensiblerie. C'est à
ce sentimentalisme étroit qu'Ernest Hæckel attribue l'hosti-
lité des masses pour les vivisections, si utiles pourtant aux
recherches physiologiques. Vraisemblablement, il est encore
bien éloigné le temps où, sous l'action d'une mentalité supérieure des populations, le médecin pourra pratiquer l'autop-
sie partielle de ses sujets décédés, afin d'estimer la valeur de
son diagnostic et celle de son traitement. Il va sans dire que
le législateur arrêterait les formalités à remplir pour préserver
la société de toute action criminelle. Et ainsi, la disparition
d'un préjugé ferait faire de sérieux progrès à la médecine.

16. — Nous reconnaissons que l'élimination de la *force*
du domaine scientifique sera chose longue et difficile, mais
nous ne la croyons pas impossible. On affirme, nous le
savons, qu'on ne peut sans nuisance faire disparaître une
entité, mais on oublie d'établir que la *force* fait partie du
monde sensible. M. Stallo, dans une étude critique magis-
trale de la physique, tout en affirmant que la *force* n'a pas
d'existence réelle, conclut néanmoins à la conservation de ce

concept. Cette conclusion a lieu de nous surprendre. Si l'on ne doit jamais perdre de vue que la *force* n'est pas une chose distincte et tangible et si ce concept a déjà produit tant de confusion, ainsi que l'écrit le savant américain [1], il doit paraître rationnel de chercher à l'éliminer de la science.

Nous comprenons moins encore cette affirmation de M. Stallo que le coup porté aux concepts de *force* et de *cause* détruirait toute espèce de concept [2]. Qui donc parle encore de nos jours des tourbillons, du phlogistique, de l'horreur du vide, de la force vitale, etc. ? Il y a donc un travail d'élagation qui s'est fait et se poursuit, avec lenteur mais aussi avec continuité. M. Lodge ne demande-t-il pas expressément la disparition du mot *électricité?* « Les termes *électrisation* et *électrique*, dit ce savant, peuvent subsister, mais le mot *électricité* doit disparaître peu à peu [3] ». Malheureusement, pour le travail d'épuration qui nous occupe, les mots ont parfois la vie plus dure que les choses qu'ils représentent ; ils retardent par le fait la disparition de ces dernières. Plus l'éclat d'un mot est grand au regard de l'esprit, plus son élimination est difficultueuse. Or, le mot *force* paraît résumer et résoudre en lui toutes les possibilités de l'univers. C'est le mot magique par excellence, dont l'origine se perd dans le lointain de la conscience.

17. — Il est des penseurs qui veulent le maintien dans la science du concept *force* parce que celui-ci y a acquis droit de cité. C'est là une énonciation trop vague pour mériter une

1. J.-B. Stallo. *La matière et la physique moderne*, chap. x : Qu'est-ce que la force? (Paris, F. Alcan).
2. *Ibid.*
3. Lodge. *Les théories modernes de l'électricité*, Préface.

réfutation. La vérité ne serait-elle pas dans le fait que le mot *force* est d'une rare élasticité et qu'il se prête aisément aux argumentations spécieuses ? Nous le croyons, et n'en voulons pour preuves que les démonstrations alambiquées au moyen desquelles on cherche à concilier, par exemple, le libre-arbitre avec le déterminisme, démonstrations où ce mot joue un rôle prépondérant.

18. — Une grande découverte ne serait-elle pas nécessaire pour atteindre le but que nous poursuivons ? Qui sait ! Les tourbillons n'ont été détrônés que par les forces centrales de Newton ; le phlogistique n'est tombé qu'après la découverte de l'oxygène par Lavoisier ; la *matière organique animée* de Buffon ne fut évincée que par la théorie de l'*identité* des éléments chimiques des minéraux et des êtres organisés, et la génération spontanée n'a disparu qu'à la suite des découvertes de Pasteur. La *force vitale* reçoit son premier coup de Wœhler qui produit artificiellement l'urée ; et la théorie des *substitutions*, perfectionnée par Laurent, met à néant la théorie électrochimique de l'époque. De nos jours, on sait que la thermochimie de Berthelot a fait monter la chimie du rang de science descriptive au rang de science physique mathématique. Pour la vie, on a successivement émis l'hypothèse métaphysique, l'hypothèse chimique et l'hypothèse physique. L'état *radiant* fournira peut-être des données nouvelles pour cette étude déconcertante. Qui sait si l'élimination pure et simple du concept *force* ne faciliterait pas la solution du problème ! Ne l'oublions pas : c'est en arguant de l'absence de *force vitale* qu'on expliquait, avant Berthelot, l'impossibilité d'une synthèse en chimie

organique. Depuis l'apparition des beaux travaux de l'illustre chimiste français, cette impossibilité n'existe plus. La chimie organique est parvenue à former les *principes immédiats* des corps vivants, la structure des organes relevant de la physiologie. Ainsi, la croyance à la force, dans le cas actuel, à la *force vitale*, a peut-être retardé la découverte de la synthèse chimique des corps organisés, en invoquant l'absence d'un élément dont le concours cependant était illusoire.

19. — Dans cette étude assurément incomplète, nous n'avons pas la sotte prétention de vouloir atteindre le but proposé. Notre objectif est plus modeste : nous avons tenu à rouvrir un débat que d'aucuns croyaient clos depuis longtemps, et nous avons recherché ce qu'est la « *force* » dans quelques cantons du monde physique et de la philosophie. A cet effet, nous avons interrogé la loi physique, la loi de continuité, la loi de causalité, la résistance, le mouvement et, finalement, la *force* elle-même. Loin d'avoir épuisé chacun de ces sujets, nous n'avons fait que les effleurer, dans les limites de ce qui était nécessaire à l'objet de notre travail. De toutes nos recherches, il est résulté pour nous cette conviction que la *force* n'est d'aucune nécessité rationnelle ou logique. Sommes-nous dans le vrai ? Le lecteur décidera.

Un dernier mot. Au livre traitant de la « loi de continuité », nous nous sommes permis une petite digression géométrique qui constitue un hors-d'œuvre. C'est une application de la *continuité qualitative* à la géométrie. On nous la pardonnera sans doute, si l'on songe que Leibniz attachait autant d'importance à *son principe de continuité* qu'à sa géniale invention du calcul différentiel et intégral.

LIVRE PREMIER

LA LOI PHYSIQUE

CHAPITRE PREMIER

1. — La loi physique n'est et ne peut être qu'une loi empirique, puisqu'elle est suggérée par l'expérience ou l'observation et généralisée par l'induction.

Au fond, la loi physique est un système de classification formé au moyen de la comparaison et de l'analogie. C'est pour avoir observé, comparé et apprécié quantitativement certains faits, que Galilée fonda la mécanique et que cent cinquante ans plus tard, Lavoisier créa la chimie quantitative.

L'intuition inspire parfois la méthode expérimentale, et cette dernière transforme la conception *a priori* en une conception *a posteriori*. Mais, sans l'expérience et l'observation, l'idée intuitive reste le jouet de la raison. Celle-ci peut, sans doute, tirer des conséquences logiques du travail mental ; mais ces conséquences étant sans corrélation avec le monde extérieur, ne présentent aucune utilité pratique. On obtient alors les systèmes creux de la théologie et de la scolastique. C'est que pour apprendre à connaître le déterminisme, il n'y a pas d'autre moyen que d'interroger les faits. « La méthode expérimentale, dit Claude Bernard, n'est que l'expression de la marche de l'esprit humain allant à la recherche des vérités scientifiques qui sont hors de nous [1]. »

2. — Nous ne connaîtrons jamais aucune loi réelle de la nature, car, pour y arriver, il faudrait analyser une catégorie entière de phénomènes, chose radicalement impossible. Ne le fût-elle pas, que la loi réelle nous échapperait encore, parce que les observations sont sujettes à erreur et, partant, à révision.

En résumé, la loi physique n'est qu'une *probabilité* et une *approximation*.

L'illustre physicien français Victor Regnault était très hostile aux conceptions absolues qu'il a énergiquement cherché à remplacer par des *lois relatives*, vraies seulement entre certaines limites. Cette manière de voir si juste et si conforme à la nature intellectuelle de l'homme, constitue, pour ainsi dire, la base même de la philosophie positive. « Nulle œuvre théorique n'est définitive, dit Berthelot ; les principes de nos connaissances se transforment, et les points de vue se renouvellent par une incessante évolution [2]. »

3. — Il nous paraît pour le moins inutile de rechercher si une loi physique est vraie en soi. L'important est de savoir si elle groupe un grand nombre de faits et si elle se prête aux investigations. Elle n'a pas d'autre objectif. C'est en se basant sur les lois de Newton, que Le Verrier découvrit la planète *Neptune*, laquelle produisait des perturbations dans le mouvement d'*Uranus*.

1. Claude Bernard. *La science expérimentale. Du progrès dans les sciences physiques*, 1878, 2ᵉ édit.
2. Berthelot. *Science et Philosophie. Chimie et théorie de la chaleur*.

Parlant de la *philosophie naturelle*, Newton a écrit :
« Dans cette philosophie, on tire les propositions des phéno-
mènes, et on les rend ensuite générales par l'induction [1]. »
On ne peut mieux résumer la loi physique.

4. — Il n'est pas nécessaire qu'une loi physique soit vraisemblable, pour avoir notre adhésion ; il suffit qu'elle soit
féconde. La loi de la gravitation est dans ce cas. C'est pour
avoir méconnu cette observation, que tant d'éminents géomètres ont protesté contre l'hypothèse de l'attraction universelle. Huygens trouve cette idée absurde et Leibniz l'appelle
un *pouvoir incorporel et inexplicable*. Jean Bernouilli la
dénonce comme une chose révoltante pour des esprits accou-
tumés à ne recevoir en physique que des principes incontes-
tables et évidents.

L'exemple de Newton n'est pas le seul. Quand Mayer produisit sa géniale conception de l'équivalent mécanique de la
chaleur, la publication de son travail fut refusée par Poggen-
dorf, et ses idées furent taxées de « folies sorties d'un cerveau
brûlé et indignes de l'attention de la science. » Plus encore :
Mayer fut traité d' « imbécile » par des savants de plusieurs universités allemandes. Nous pourrions multiplier ces
exemples.

5. — L'hypothèse de la constitution atomique de la
matière est, non seulement invraisemblable, mais encore en
conflit avec la loi de la conservation de l'énergie. En effet,
elle proclame les atomes indivisibles, donc inélastiques ; et
le postulat de la conservation de l'énergie exige l'élasticité,

1. Newton. *Principes mathématiques de philosophie naturelle*, t. II.

donc la divisibilité des atomes. Eh bien ! fait remarquable, cette antinomie n'a pas nui à la marche de la science, probablement parce que les deux hypothèses qui nous occupent ne sont encore qu'à leurs premiers développements. Il est certain cependant que, dans l'avenir, les physiciens seront amenés à les modifier. Les phénomènes de radioactivité, les découvertes récentes sur la nature intime de l'atome et les nouveaux phénomènes magnéto-optiques font déjà pressentir de profonds changements dans l'hypothèse de la constitution atomique. On connaît la conception nouvelle qui attribue à l'électricité une *structure atomique*.

CHAPITRE II

1. — La loi physique ne peut avoir pour objet de traduire
en *formules* la réalité. Elle est une manière commode de relier
entre eux divers phénomènes de la nature. Pour le physicien,
comme pour le philosophe positiviste, les choses se passent
dans le monde extérieur, comme si elles obéissaient à la loi
expérimentale formulée. C'est dans cet esprit, pensons-nous,
qu'il faut entendre que la loi physique explique la nature.

2. — Vouloir ramener les phénomènes à ce qui est l'objet
d'*états de conscience* toujours plus simples, serait poursuivre
un but chimérique. Sans doute, la sensation est nécessaire
pour appréhender les faits ; mais ces derniers, une fois acquis,
constituent la trame unique sur laquelle travaille la philosophie positive. Au surplus, si la loi physique devait ramener
nos connaissances objectives à des phénomènes de plus en
plus simples, elle devrait nécessairement aller du moins
simple au plus simple, dans ses modifications successives.
Or, c'est généralement le contraire qui se produit. La théorie
de l'émission qui a précédé la théorie des ondulations formulée par Huygens, est autrement simple, pour les calculs,
que cette dernière ; et si Newton est resté fidèle à la première,
c'est que la seconde exigeait l'emploi des équations aux dérivées partielles du second ordre dont la solution n'était pas
encore trouvée. Enfin, aujourd'hui, une théorie nouvelle
tend à considérer les ondes lumineuses comme des ondes

électromagnétiques. Ce n'est pas là marcher vers la simplicité.

Pour la chaleur, on a été longtemps partagé entre la
théorie qui attribue la sensation de chaud à un fluide spécial appelé calorique et l'hypothèse qui rapporte cette sensation à des mouvements vibratoires des parties ultimes des
corps. Cette dernière interprétation est aujourd'hui univer-
sellement admise, bien que plus compliquée que la précédente. Enfin, l'emploi d'une analyse mathématique toujours
plus élevée, dans les théories nouvelles, est un indice certain de la plus grande complication de ces dernières.

3. — La loi physique se contente d'interpréter les phénomènes dans le sens et avec les restrictions que nous venons
d'indiquer et sans qu'on puisse affirmer que cette interprétation soit conforme ou non à la réalité.

À cette occasion, nous devons rencontrer un fait qui
semble témoigner en faveur de l'assimilation à la réalité de
la loi physique. En partant d'idées différentes, parfois même
contradictoires, des savants sont parvenus à découvrir une
même loi nouvelle. Prenons pour exemple l'*équivalent
mécanique* de la chaleur. L'aboutissement par des chemins
divers au même résultat peut s'expliquer par cette considération que l'antagonisme des conceptions premières, quand
il n'est pas plus apparent que réel, porte la plupart du temps
sur une vue métaphysique. Ainsi, dans la théorie de l'*équivalent mécanique* de la chaleur, peu importe la définition
admise pour la *force*, puisque dans le raisonnement et dans
la pratique, on substitue mentalement le *mouvement* à la
force. Mayer, Joule et Colding ont des vues absolument diffé-

rentes sur la *force* et la *chaleur*; cependant ils aboutissent au même résultat. Écoutons Mayer : « Du rapport intime qui existe entre la gravitation et les mouvements qu'elle produit, nous ne saurions toutefois conclure que l'essence de la gravité est un mouvement, et cette conclusion s'étendrait tout aussi peu à la chaleur. Bien loin de là, nous sommes amenés à formuler tout le contraire et à dire que pour devenir chaleur, il faut que le mouvement, qu'il soit d'ailleurs continu ou vibratoire, cesse d'être mouvement[1]. » Nous prenons sans la discuter cette étrange affirmation. Ainsi, pour Mayer, la chaleur n'est pas ou n'est plus du mouvement. Joule émet l'opinion contraire et estime que la chaleur n'est qu'un mode de mouvement. Et cependant, Mayer par le calcul et Joule par l'expérimentation, arrivent au même résultat. Colding, lui, veut que la *force* soit une *essence spécifique* pouvant se transformer et se perfectionner. Or, si de cette définition, on retranche l'élément métaphysique, « essence spécifique », et si on lui substitue le « mouvement », elle devient admissible et peut s'énoncer comme suit : la force est une source de mouvements susceptibles de transformations et de perfectionnements[2].

4. — Si les lois physiques ne représentent pas la réalité, il n'est pas étonnant de voir qu'elles ne concordent pas toujours entre elles. Cette apparente anomalie est plutôt un indice qu'elles sont sujettes à modifications, ce que l'on savait déjà. Il n'y a donc pas lieu de reprocher à la science

---

1. Voir Brouasse. *Introduction à l'étude des théories de la mécanique.*

2. En disant que la définition devient admissible, nous entendons qu'elle rentre dans le sens habituel qu'on lui donne ; mais nous faisons toutes nos réserves quant à l'emploi du mot *force*.

positive des pseudo-contradictions qui sont de l'essence même de la loi physique.

5. — On peut affirmer que la loi physique doit se modifier avec le temps, car elle comprend deux éléments, l'un empirique et l'autre *aprioristique*, qui ne jouent pas le même rôle et ne subissent pas les mêmes influences. L'élément aprioristique est un joint logique qui sert à parachever et à étendre l'élément empirique. Quant à ce dernier, il se transforme constamment avec les progrès des sciences expérimentales, et ses transformations entraînent nécessairement des changements parallèles dans l'élément aprioristique. En conséquence, ce dernier est *commandé* par le premier.

CHAPITRE III

1. — Les philosophies sont généralement d'accord pour reconnaître l'existence de lois dans la marche de l'univers. « Jamais, dit Aristote, il ne peut y avoir de désordre dans les choses qui sont faites par la nature et qui sont conformes à ses lois ; toujours la nature est une cause d'ordre et de régularité[1]. » Kant écrit : « Tout dans la nature animée ou inanimée se comporte *suivant des règles*, quoique ces règles ne nous soient pas toujours connues... Le monde entier n'est proprement qu'un vaste ensemble de phénomènes réguliers : en sorte que rien, absolument rien, ne se fait sans raison[2]. » Et encore : « Toute chose dans la nature, agit d'après des lois[3]. »

La philosophie positive ne saurait rejeter ce postulat de l'ordre, sans renoncer à découvrir les relations du monde physique, tous les phénomènes, dans ce cas, se présentant pêle-mêle. Mais elle l'admet comme principe *méthodologique* et non comme principe téléologique.

Toutes les observations démontrent l'ordre régnant dans les manifestations diverses du Cosmos. L'astronomie témoigne d'un ordre dans le cours des astres, et la loi de gravitation est vérifiée de plusieurs manières. La chimie, la physique et la biologie indiquent l'existence d'un ordre dans le monde

1. Aristote. *Physique*, liv. VIII, chap. i.
2. Kant. *Logique*, Introduction.
3. Kant. *Critique de la raison pratique*.

inorganique et dans le monde organique. Un minéral cristallise toujours dans le même système. Un organisme ne peut subsister si l'indépendance et l'incohérence des parties deviennent trop grandes [1]. On est tellement pénétré de l'idée d'ordre, que si ce dernier est accidentellement troublé dans une production organique ou superorganique, le produit insolite obtenu est appelé « phénomène » ou « monstre. »

L'évolution n'est qu'une manifestation grandiose de la loi de l'ordre accouplant et pondérant entre eux les principes de *continuité* et de *variabilité*.

Au surplus, quand la science cherche à rattacher entre eux une série de faits, elle manifeste *ipso facto* sa croyance en l'existence d'un ordre dans la nature. « Oui ou non, dit M. Ch. Dunan, tous les phénomènes de cet univers sont-ils reliés entre eux par des rapports de dépendance ?... S'ils ne le sont en aucune façon, le monde ne peut être qu'un chaos, et toute science est impossible, puisque, dans ce cas, la production des phénomènes dépend de l'action imprévisible d'entités inconnues [2]. »

2. — La loi de l'ordre doit être entendue dans son sens le plus large. Ainsi, l'*ordre* continuerait encore de subsister, si certaines lois, admises comme invariables, se modifiaient lentement, soit dans l'espace, à mesure que les distances changent, soit dans le temps, à mesure que se déroulent les cycles du Cosmos. Dans ces hypothèses, il suffirait d'admettre que ces variations suivent elles-mêmes un certain ordre. La seule complication résiderait alors dans la nécessité d'ajouter de

----

1. *Revue philosophique*. 1888.
2. *Revue philosophique*. 1886 ; *Du concept de cause* par Ch. Dunan.

nouveaux termes aux formules mathématiques qui traduisent
ces lois. Ces vues ne sont pas purement théoriques.

3. — L'hypothèse de la variation dans l'espace de certaines lois a déjà été formulée. Clairaut, en s'appuyant sur
les mouvements des nœuds et du périgée de la lune, a pensé
que la loi d'attraction était variable et se composait de deux
parties, l'une conforme à la loi de Newton et sensible seulement aux grandes distances, l'autre croissant dans un plus
grand rapport que le carré réciproque de la distance, quand
cette dernière est faible et sensible, notamment à la distance
de la lune à la terre [1]. Ajoutons que c'était là une erreur que
Clairaut a d'ailleurs reconnue.

Voyons l'hypothèse d'une variation dans le temps. M. Jules
Andrade s'est demandé si la loi de gravitation ne pourrait
pas être un produit de l'évolution cosmique et « valable seulement pendant l'une des phases de la constitution du système »[2]. Question profonde, que ce savant mathématicien se
contente de poser, sans chercher à la résoudre ! Il en tire
toutefois cette conclusion « qu'il est au moins téméraire, avec
les lois contingentes que nous connaissons, de prétendre
lire dans l'avenir le plus reculé de l'univers [3] ». Il ajoute, à
propos des rêveries sur l'avenir du système solaire basées sur
le théorème de l'énergie, qu' « il serait d'une plus saine philosophie de rechercher si le principe ne pourrait pas se transformer au fur et à mesure que l'évolution transforme le déterminisme des phénomènes naturels [4] ».

1. Laplace. *Exposition du système du monde*, 5e édit., liv. IV, chap. v;
Des perturbations du mouvement de la lune.
2. *Revue philosophique*, XVII.
3. *Ibid.*
4. *Ibid.*

4. — On sait que la lune met le même temps à accomplir son mouvement de rotation sur elle-même et à décrire son orbite autour de la terre. Or, il serait singulier qu'une telle concordance fût due aux circonstances premières qui, fixant ces périodes indépendamment l'une de l'autre, auraient abouti à un tel résultat. Il est possible qu'à l'origine, il y a eu une faible différence entre les deux mouvements, différence qu'un *changement* dans la loi d'attraction a annihilée. Au surplus, il paraît plus probable que l'attraction de la terre a détruit cette différence.

Dans le même ordre d'idées, on peut se demander si la lune n'a pas commencé son mouvement autour de la terre dans le plan équatorial de cette dernière pour en sortir bientôt, à la suite d'une modification dans la loi d'attraction. Nous convenons que cette modification constituerait une complication inutile pour expliquer un mouvement irréalisable. Si nous citons le cas de ce mouvement, c'est que Laplace le croyait possible. Delaunay, au contraire, a prouvé que la lune supposée lancée dans le plan de l'équateur terrestre, devait forcément en sortir.

5. — Ne serait-il pas plus scientifique de substituer l'hypothèse de la variabilité à l'hypothèse de la fixité des lois de la nature ? Grave question que nous ne chercherons pas à résoudre. Qu'on nous permette cependant de présenter quelques observations. On s'explique difficilement, alors que l'évolution cosmique poursuit ses transformations, donc produit des variations dans les combinaisons des systèmes de mouvements, que ces systèmes eux-mêmes ne varient pas. La fixité d'une loi au milieu de tous ces changements doit

paraître extraordinaire, et frapperait davantage encore, si l'esprit n'était porté par un certain atavisme à préférer la constance à la variabilité dans les lois qu'il découvre. « L'entendement humain, dit Bacon, en vertu de sa nature propre et particulière, n'est que trop porté aux abstractions ; il est enclin à regarder comme constant et immobile ce qui n'est que passager [1] ».

Voici une hypothèse dont la réalisation devrait infirmer l'idée de *fixité*. S'il était dans les fatalités de l'univers que celui-ci traversât une période comprenant un état statique partiel, il serait de toute nécessité que la loi de gravitation se modifiât, en ce sens que l'attraction devrait se faire en raison inverse d'une puissance de la distance autre que la deuxième. Nous basons cette affirmation sur un théorème original de Plateau relatif à l'équilibre d'une aiguille aimantée non soutenue [2]. L'éventualité que nous signalons a déjà été entrevue par Aristote. Voici ce qu'écrit le philosophe de Stagire : « Il vaudrait encore mieux supposer..., que tour à tour l'univers est en repos, et qu'il reprend ensuite le mouvement ; car cette succession alternative de phénomènes implique déjà un certain ordre régulier [3]. »

6. — Dans l'hypothèse de la variabilité des lois de l'ordre

---

1. Bacon. *Novum organum*, liv. I, chap. II.

2. Plateau s'est posé la question : « Ne serait-il pas possible de soutenir en l'air une aiguille aimantée, sans aucun point d'appui et dans un état d'équilibre stable, par les actions émanées d'autres aimants convenablement disposés ? »

Le savant physicien belge a démontré par l'analyse que, si les actions magnétiques s'exerçaient en raison inverse d'une puissance quelconque de la distance *autre que la deuxième*, l'équilibre cherché pourrait être réalisé. Avec la deuxième puissance, cet équilibre est impossible.

Voir : *Mémoires de l'Académie royale de Belgique*, t. XXXIV, 1864.

3. Aristote. *Physique*. t. II, liv. VIII, chap. I.

rationnel, les sciences expérimentales n'auraient à souffrir ni dans leurs recherches, ni dans leurs progrès, puisqu'elles ne cessent de modifier leurs hypothèses et de compléter leurs formules. « Aucune loi particulière, dit M. Poincaré, ne sera jamais qu'approchée et probable... Dans la conception scientifique, toute loi n'est qu'un énoncé imparfait et provisoire, mais elle doit être remplacée un jour par une autre loi supérieure, dont elle n'est qu'une image grossière[1]. »

Nous n'ajouterons qu'un mot à ce langage si précis du savant mathématicien français. C'est qu'une loi particulière, quand elle aura été remplacée, n'en restera pas moins, après sa transformation, un nouvel énoncé provisoire et imparfait; elle sera donc encore appelée à des changements ultérieurs. Et si les lois physiques sont ainsi variables, en vertu de quelles données positives déclare-t-on immobile l'ordre rationnel dans la nature ?

7. — Bain n'admet pas la variabilité des lois de la nature; en cela, il se trouve d'accord avec la généralité des physiciens. Mais ne pousse-t-il pas trop loin son argumentation, quand il écrit : « Ce fait qu'on exprime généralement par ces mots « uniformité de la nature », est la garantie, la majeure suprême de toute induction. Ce qui a été sera ; voilà le principe qui justifie toute inférence sur l'univers, qui nous assure, par exemple, que l'eau dans l'avenir comme aujourd'hui guérira notre soif ? »[2] Nous le pensons.

1. *Revue métaphysique*, mai 1902 : *Sur la valeur objective de la science.* Poincaré.
2. Bain. *Logique déductive et inductive.*

CHAPITRE IV

1. — C'est dans le passage d'une loi qui a fourni tout ce qu'elle pouvait donner, à une autre loi qui englobe un plus grand nombre de faits et élargit le champ des recherches, que se marquent les progrès des sciences expérimentales. La théorie des *impondérables* fut admise par les plus illustres géomètres, Képler, Descartes, Leibniz, Newton. Elle est aujourd'hui abandonnée et les physiciens lui ont substitué le mouvement, c'est-à-dire la *force* cause ou synthèse du mouvement, inséparable de la matière et indestructible comme elle. Hâtons-nous d'ajouter que cette dernière hypothèse semble déjà ébranlée par certains faits de radioactivité. En biologie, la théorie des impondérables a donné naissance à un moteur spirituel communiquant ses *propriétés vitales* au corps jusqu'à l'instant de la mort. Van Helmont attribuait les maladies à l'évolution d'une *idée morbide*, « idea febrilis ». On connaît l'*esprit des nerfs* de Borello, la *substance vitale* de Hofman, l'*irritabilité* de Haller, l'*anima animata* de Stahl, etc. « Jadis, écrit Taine, il y avait une légion d'entités ; alors, pendant l'empire avoué ou dissimulé de la philosophie scolastique, on imaginait sous les événements, une quantité d'êtres chimériques, *principe vital, âme végétative, formes substantielles, qualités occultes, forces plastiques, vertus spécifiques, affinités, appétits, énergies,* archées, bref un peuple d'agents mystérieux, distincts de la matière, liés à la

matière et que l'on croyait indispensables pour expliquer ses transformations. Ils se sont évanouis peu à peu au contact de l'expérience[1]. » A leur tour, les lois de Newton et de Pasteur seront sans doute, un jour, reconnues insuffisantes et remplacées par d'autres hypothèses, sans que l'auréole de ces deux génies en soit assombrie.

2. — Dans le passage d'une loi à une autre loi généralement plus compliquée que la première, se rapproche-t-on davantage de l'ordre rationnel ou naturel ? Cette question est insoluble. Si, par hypothèse et par impossible, une théorie parvenait à englober tous les faits de même catégorie, on ne pourrait pas encore décider qu'elle est l'expression exacte de l'ordre rationnel, car rien n'indique que d'autres voies ou moyens ne conduisent pas effectivement aux résultats envisagés. Nous ne pouvons donc nous ranger à l'avis de Hirn quand il écrit : « A un bon nombre de lois non plus empiriques, mais pourtant dérivées directement de l'observation et admises primitivement en physique, nous sommes parvenus, soit par la seule discussion des faits, soit par l'analyse, à substituer des lois secondes tout à fait rationnelles et déjà beaucoup plus approximatives[2]. » D'ailleurs, la question qui nous occupe est plutôt du ressort de la métaphysique. La science positive, elle, se contente de grouper et de classer le plus grand nombre de faits sous la même loi, et ses hypothèses, bien qu'empreintes de probabilités, ne sont jamais que contingentes.

1. Taine. *De l'Intelligence.*
2. Hirn. *Exposition analytique et expérimentale de la théorie mécanique de la chaleur*, Paris. 1876.

3. — D'après ce qui précède, on peut demander si la loi physique ne constitue pas un système artificiel, à l'égal des productions de la métaphysique ou des qualités occultes des péripatéticiens. Nous ne le pensons pas. La loi physique n'est en définitive qu'une chaîne de faits dont les deux extrémités nous échappent. « Tout système, dit Berthelot, n'a de vérité qu'en proportion, non de la rigueur de ses raisonnements, mais de la somme de réalité que l'on y introduit[1]. » D'un autre côté, l'induction sert à prolonger la chaîne des faits ; elle évolue avec ces derniers et son objectif est de rester conforme à l'expérience. Nul ne peut affirmer que ses lois soient identiques aux lois de la nature ; mais elles traduisent et représentent ces dernières, autant que le fait peut traduire et représenter la réalité. « Non, dit M. Poincaré, les lois scientifiques ne sont pas des créations artificielles ; nous n'avons aucune raison de les regarder comme contingentes, bien qu'il nous soit impossible de démontrer qu'elles ne le sont pas[2]. »

La métaphysique, elle, suit une voie opposée. Elle se place à la source de tout et imagine des causes générales pour expliquer les faits ; mais l'édifice de ses savantes déductions manque de base solide. Condillac parlant des métaphysiciens, a écrit : « Qui dit métaphysique, dit, dans leur langage, la science des premières vérités, des premiers principes des choses. Mais il faut convenir que cette science ne se trouve pas dans leurs ouvrages[3]. » Berthelot apprécie comme suit les métaphysiciens : « Parmi les hommes distingués qui font aujourd'hui profession de métaphysique, beaucoup ne parais-

1. Berthelot. *Science et Philosophie*. *Science idéale et science positive*.
2. Poincaré. *La valeur de la science*. Introduction.
3. Condillac. *Traité des systèmes*, chap. 1.

sent pas encore avoir compris cette nouvelle manière de poser
le problème ; ils discutent contre des faits qui ne sauraient
être attaqués par le syllogisme ; ils affirment comme des réalités ce qu'ils ont emprunté au seul raisonnement[1]. »

4. — Comme les expériences et les observations sont indéfinies, il s'ensuit que le perfectionnement des lois physiques
est lui-même indéfini. Cette constatation contredit l'idée
agnostique capitale d'Auguste Comte. Condillac, lui, est
tombé dans l'excès contraire en écrivant : « Peut-être même
trouverons-nous une loi qui tiendra lieu de toutes les lois,
parce qu'elle sera applicable à tous les cas. Alors notre système serait aussi parfait qu'il peut l'être, et il ne manquerait
plus rien à la partie de la physique qui traite du mouvement
des corps[2]. »

5. — L'histoire des sciences montre que la loi physique a
graduellement substitué la connaissance positive des choses
à leur interprétation mystique ; elle a placé une cause naturelle là où l'on imaginait un agent mystérieux, une puissance
supra-terrestre. Et ainsi elle a relevé la valeur intellectuelle
de l'homme et a centuplé ses forces. « Le monde, dit Berthelot, est aujourd'hui sans mystère : la conception rationnelle prétend tout éclairer et tout comprendre ; elle s'efforce
de donner de toute chose une explication positive et logique,
et elle étend son déterminisme fatal jusqu'au monde moral...
En tout cas, l'univers matériel entier est revendiqué par la
science, et personne n'ose plus résister en face de cette reven-

____

1. Berthelot. *Science et Philosophie.*
2. Condillac. *Ouv. cit.*

dication [1]. » Il y a peut-être un peu d'optimisme dans cette affirmation, car la théocratie défend encore avec énergie le terrain mystique.

1. Berthelot. *Science et Philosophie*.

CHAPITRE V

1. — Depuis longtemps déjà, on cherche à ramener toute action physique et, après les immortels travaux de Berthelot, toute action chimique, à une action combinée de masse et de mouvement, c'est-à-dire à un système mécanique. Cette réduction à l'hypothèse mécanique a été facilitée par la découverte de l'équivalent mécanique de la chaleur, en vertu duquel la chaleur n'est qu'un mode du mouvement. Elle est mesurée par le travail du mouvement; réciproquement, le travail du mouvement a pour mesure la chaleur dégagée.

Pour les travaux des mouvements des molécules, la thermochimie de Berthelot les a ramenés à l'unité commune de toutes les forces naturelles. Ainsi, tous les mouvements, qu'ils soient de masse ou de molécules, obéissent aux lois de la mécanique rationnelle. Ajoutons que la théorie des *substitutions* donne un nouvel argument en faveur de l'hypothèse mécanique, en grandissant le rôle du mouvement.

2. — Il est bien probable que l'hypothèse mécanique se modifiera avec le progrès des sciences et de l'entendement humain. Mais dans son état actuel de développement, l'intelligence est satisfaite d'une telle mesure qualitative. Cette dernière, d'ailleurs, ne contrarie en rien les théories nouvelles qui donnent à l'électricité une structure atomique. On sait que

la théorie des *électrons* est parvenue à relier entre eux et à expliquer beaucoup de phénomènes distincts découverts dans ces derniers temps et relatifs à la lumière, à l'électricité et au magnétisme. Des études sérieuses se poursuivent en vue de donner une explication électro-magnétique des propriétés de la matière pondérable. Ainsi, comme le remarque M. Lippmann, au lieu d'expliquer mécaniquement les phénomènes électriques, on voudrait expliquer électriquement les faits de la mécanique rationnelle[1]. Qui sait si les idées nouvelles ne projetteront pas un jour nouveau sur les faits principaux du *mouvement !*

3. — Le système mécanique est en passe de s'étendre à la vie organique et à la vie superorganique, bien que Kant ait écrit que l'intelligence devait s'arrêter au seuil de la vie organique et faire appel à un principe agissant avec finalité[2]. A la vérité, plus d'un siècle s'est écoulé depuis la publication de la célèbre Critique, et la physique, la synthèse chimique, la physiologie et la biologie ont accompli depuis de très grands progrès.

Au livre V, première partie, qui traite du mouvement, chapitre VI, nous citons plusieurs hautes autorités qui admettent la réduction à la mécanique de tous les phénomènes de la nature. Nous y renvoyons le lecteur. Contentons-nous, pour le moment, d'insister sur ce point capital que les travaux de synthèse chimique tendent à faire disparaître la ligne de démarcation primitivement établie entre le règne inorganique

---

1. Lippmann. *La théorie moderne des phénomènes physiques.* Introduction.

2. Kant. *Critique du jugement téléologique.*

et le règne organique. Ceci demande quelques développements.

Il est généralement admis que, dans les êtres de la nature, le groupe, au point de vue des activités, ne diffère de son élément que *quantitativement* et pas *qualitativement*. Il n'y a donc d'activité dans le tout, que les activités des parties. La vie, dans cette hypothèse, serait universelle et ne différerait que par des degrés dans les corps animés et dans les corps inanimés. Cette vue trouve sa justification dans les nombreux rapprochements qu'on a établis entre la matière inorganique et la matière vivante. Les *atomes électriques* et les faits de radioactivité témoignent également en faveur de cette hypothèse qui n'est, en définitive, qu'un corollaire du principe de la *continuité* du mouvement, comme la loi d'évolution elle-même. Disons en passant, que l'évolution est très lente dans les corps inorganiques et relativement très rapide dans les corps vivants. D'un autre côté, si l'on remarque que tout vient du milieu et que tout y retourne, on peut tirer cette conséquence que les corps vivants, grâce à des appareils spéciaux compliqués, *usent* du milieu dans une proportion bien plus considérable que les corps inanimés ; ils le transforment par des différenciations et des intégrations continues, jusqu'au moment où, à force de mort des parties et de reconstruction de ces mêmes parties, les appareils spéciaux perdent leur harmonie et se détraquent : c'est la mort naturelle. Ainsi, l'édifice architectonique vivant, à force de destructions partielles et de reconstructions partielles, trouve fatalement un moment où l'harmonie de ses éléments est troublée, soit que le travail de reconstruction marche trop lentement, soit qu'il répare mal les parties détruites. Dans les êtres élémentaires ou monocellulaires, ce travail s'opère dans un édifice absolument simple ; l'harmonie n'y est jamais troublée. Ces êtres-là ne connaissent pas la mort naturelle, à moins qu'on n'appelle ainsi le processus de divisibilité sans production de *cadavres*.

LIVRE II

LA RÉSISTANCE

CHAPITRE PREMIER

1. — La notion de *résistance* et celle d'*effort* sont deux éléments concomitants et inséparables dans la conscience. Ils ne peuvent cependant pas être confondus.

La résistance est une objectivité qui nous permet de prendre contact avec le monde extérieur. C'est une *qualité* des corps qu'il est plus aisé de constater que d'expliquer.

L'*effort*, lui, est le point de départ de toutes nos connaissances objectives. C'est une subjectivité qui répond à une réalité dans le règne animal.

L'homme s'est peut-être élevé hors de pair dans la série animale par une double action : affaiblissement de ses outils de défense et développement de la notion d'effort ; affaiblissement et développement ayant amené un accroissement parallèle dans les structures et dans l'unité fonctionnelle de la conscience et engendré *l'inquiétude* à l'état permanent. On sait que, dans le règne animal, l'inquiétude parait être l'apanage de l'homme seul. Or, l'inquiétude a produit l'*attention volontaire*, laquelle est une adaptation aux conditions d'une vie supérieure. « L'attention volontaire, écrit M. Th. Ribot, est une adaptation aux conditions d'une vie

sociale supérieure, une discipline et une habitude, une imitation de l'attention naturelle, qui lui sert à la fois de point de
départ et de point d'appui[1]. »

2. — La notion d'*effort* a engendré la notion anthropomorphique de *force*, à laquelle on a donné une réalité. Le processus de formation de ces éléments est le suivant : résistance,
effort, force. Sans résistance, pas d'effort ; sans effort, pas
de force. Cependant, on verra que, dans le cas d'une résistance nulle, les protagonistes de la force réelle prétendent
obtenir une *vitesse infinie*, donc une *force infinie*.

La résistance donnant lieu à de nombreuses interprétations,
nous devons l'examiner de très près.

Deux questions se présentent à l'esprit :

1° La résistance est-elle la qualité primaire des corps ?

2° La résistance trahit-elle l'existence objective de la force ?

1. Th. Ribot. *Psychologie de l'attention*, 1. L'attention volontaire (F. Alcan).

CHAPITRE II

LA RÉSISTANCE EST LA QUALITÉ MAITRESSE DES CORPS

1. — Notre conception de la matière se réduit à la connaissance de la résistance, de l'étendue et de la figure.

La résistance nous paraît être la qualité principale des corps. La simplicité et la généralité sont les caractéristiques de la résistance considérée comme génératrice de nos connaissances objectives. « Nous connaissons la matière, dit Herbert Spencer, comme des positions coexistantes qui opposent de la résistance ; c'est l'idée la plus simple que nous puissions nous en faire ; nous la distinguons ainsi de notre conception de l'espace dans laquelle les positions coexistantes n'offrent aucune résistance[1]. »

2. — C'est ce qui est résistant qui est étendu, et non ce qui est étendu qui est résistant. Les ombres, les mirages et les images réfléchies ont de l'étendue et ne possèdent pas de résistance : ce ne sont pas des corps. « L'idée que le peuple se fait des spectres, écrit Euler, renferme bien une étendue, et cependant on nie que ce soient des corps. Quoique cette idée soit purement imaginaire, elle sert pourtant à prouver que quelque chose pourrait avoir une étendue, sans être un corps. Outre cela, l'idée que nous avons de l'espace renferme sans doute une étendue à trois dimensions ; on convient

1. Herbert Spencer. *Premiers principes*, chap. iii (F. Alcan).

néanmoins que l'espace seul n'est pas un corps... Un vide est une étendue sans corps[1]. »

3. — Ailleurs, Euler dit encore : « Supposons que tous ceux qui se trouvent à présent dans ma chambre, et même l'air qui y est, soient anéantis par la Toute-Puissance divine ; il y aura encore dans ma chambre la même longueur, largeur et profondeur, sans qu'il y ait aucun corps. Voilà donc la possibilité d'une étendue qui ne serait pas un corps[2]. » Si l'on disait que le mouvement est nécessaire pour achever la détermination d'un corps, et qu'un vide ne peut se mouvoir, nous répondrions que la *chambre vide* d'Euler se meut, car elle se déplace avec la terre.

Si du doigt, l'on dérange l'ajustement focal d'un œil, les objets extérieurs apparaissent dédoublés à la vue. Tous ces couples de représentation ont de l'étendue, et cependant dans chacun d'eux un seul objet est réel : c'est le résistant.

4. — C'est par la résistance qu'un corps offre à nos efforts, que nous acquérons la certitude de son existence. Ce n'est qu'incidemment, et par des voies détournées, que nous parvenons à connaître l'étendue superficielle et la position des corps. On sait qu'un aveugle-né recouvrant la vue ne pourrait pas distinguer par la simple vision un cube d'une sphère[3], ni dire si un homme est droit ou renversé[4].

C'est par certains mouvements de nos membres, donc encore par la résistance, que nous prenons conscience de la

1. Euler. *Lettres à une princesse d'Allemagne*, LXX et LXXI.
2. *Ibid.*, LXIX.
3. Locke. *Ess. phil con. l'ent. hum.*, liv. II, chap. IX.
4. Berkeley. *Essai d'une nouvelle théorie de la vision.*

direction. « L'idée même de direction, dit Bain, exclut l'hypothèse de la vision directe[1]. » On a la preuve de cette vérité dans le fait que des animaux qui, comme les abeilles et les fourmis, s'orientent cependant à la perfection, ne se meuvent qu'en arcs ou en demi-cercles, la ligne droite leur étant inconnue[2].

5. — Les atomes dont on suppose les corps formés, n'ont pas d'étendue au regard de la conscience, et cependant ils sont les parties ultimes de la matière et offrent de la résistance que souvent on doit vaincre par des mouvements calorifiques ou électriques, pour les engager dans des combinaisons.

Le fluide électrique est résistant, et cependant son substratum ne nous paraît pas marquer dans l'étendue.

L'air a de la résistance, et ce n'est que par un acte de pure induction, ainsi que l'écrit Herbert Spencer[3], que nous le dotons d'étendue. Stuart Mill considérait même l'étendue comme une propriété des corps qui ne leur était essentielle que suivant notre mode actuel de représentation, mais sans laquelle la matière pourrait encore subsister, si nous avions une autre conformation[4].

6. — Le toucher est d'application générale aux clairvoyants comme aux aveugles-nés. Sans doute, il peut donner lieu à des illusions tout comme les autres sens, mais dans une proportion généralement moindre que ces derniers. C'est ainsi

1. Bain, ouv. cité.
2. *Revue philosophique*, 1901.
3. Herbert Spencer. *Principes de psychologie*, t. II, chap. XVII (F. Alcan).
4. Stuart Mill. *La philosophie de Hamilton*.

que la sensation du toucher nous impressionne plus que la sensation de la vue, par exemple ; peut-être parce qu'elle provient d'un contact direct, effectif, alors que la vision n'est qu'un *toucher à distance* ; peut-être encore, parce qu'elle actionne une ligne nerveuse plus étendue que celle de la vision, l'œil étant celui de nos organes le plus rapproché du cerveau.

Le toucher, donc la résistance, nous fait connaître l'espace et le mouvement, ce que la vision est impuissante à donner. La vision nous signale uniquement les couleurs. Pour elle, un arc-en-ciel est le plus certain des corps, car il renferme toutes les couleurs.

7. — Pour amoindrir l'importance du toucher, on a cité certains cas de folie, tel celui de la mère de la princesse de Condé, qui se croyait de verre et n'osait s'asseoir. Ce sont là des aberrations démontrant que la conscience est atrophiée. On a signalé également les états hypnotiques. Mais ces états atteignent la plupart des sens et constituent d'ailleurs des phénomènes spéciaux où l'unité de conscience est fortement atteinte.

8. — Les partisans de la prédominance de l'étendue sur la résistance, ne manquent jamais d'invoquer la haute autorité de Descartes. En effet, l'illustre géomètre français a écrit : « Mais si toutes les fois que nous portons nos mains quelque part, les corps qui sont en cet endroit-là se retiraient aussi vite comme elles en approchent, il est certain que nous ne sentirions jamais de dureté ; et néanmoins nous n'avons aucune raison qui nous puisse faire croire que les corps qui

se retireraient de cette sorte perdissent pour cela ce qui les fait corps[1]. » Dans cette hypothèse de Descartes, les ombres ne sauraient se distinguer des corps véritables, et d'ailleurs l'homme ne posséderait aucune connaissance objective. Sans la résistance, il serait incapable de distinguer l'espace occupé de l'espace inoccupé.

Hypothèse irréalisable, dira-t-on, soit ; mais c'est un exemple. Dans ce cas, nous dirons à notre tour : si toutes les fois que notre vue s'étend sur un corps, celui-ci se voilait de manière à ne plus actionner le champ de vision, nous perdrions la conscience de l'étendue superficielle de ce corps, et cependant nous n'avons aucune raison de croire que les corps qui se voileraient de la sorte perdraient pour cela ce qui les fait corps.

9. — A l'autorité de Descartes, opposons celle de Newton, de Huygens et de Leibniz.

Newton a écrit : « L'étendue des corps ne se conçoit que par les sens et elle ne se fait pas sentir dans tous les corps ; mais comme l'étendue appartient à tous ceux qui tombent sous nos sens, nous affirmons qu'elle appartient à tous les corps[2]. » Ainsi, pour Newton, c'est par induction que l'étendue est attribuée à tous les corps. Écoutons Huygens : « Je suis bien de votre opinion en ce que vous ne voulez pas que la dureté se puisse séparer de la nature des corps. Et M. Descartes en soutenant le contraire, et ne faisant consister le corps que dans l'étendue, j'ai toujours conçu que ce que

1. Descartes. *Les principes de la philosophie*, t. III, seconde partie.
2. Newton. *Principes mathématiques de philosophie naturelle*, t. II, liv. III. Du système du monde.

j'entends par le vide est la même chose que ce qu'il dit être corps[1]. » Comme on voit, Huygens est absolument hostile à l'idée de Descartes. Voici un autre passage où le savant géomètre hollandais est aussi affirmatif dans son opposition : « Pour ce qui est du vide, je l'admets sans difficulté, et même je le crois nécessaire pour le mouvement des petits corpuscules entre eux, n'étant point du sentiment de M. Descartes qui veut que la seule étendue fasse l'essence du corps ; mais y ajoutant encore la dureté parfaite qui la rende impénétrable et incapable d'être rompue ni écornée[2]. » Leibniz écrit : « Si l'essence du corps consistait dans l'étendue, cette étendue devrait suffire pour rendre raison de toutes les propriétés des corps. Mais cela n'est point... Je demeure d'accord que naturellement tout corps est étendu, et qu'il n'y a point d'étendue sans corps[3]. Il ne faut pas néanmoins confondre les notions du lieu, de l'espace ou de l'étendue toute pure, avec la notion de la substance, qui outre l'étendue renferme la résistance, c'est-à-dire l'action et la passion[4]. »

10. — Pour Locke, l'essence du corps ne consiste pas dans l'étendue[5].

Papin n'admet pas que la dureté soit aussi essentielle au corps que l'étendue[6]. Pour M. Paul Janet, « l'essence de la matière n'est pas l'étendue inerte, comme le croyait Descartes,

1. Huygens. *OEuvres complètes*, publiées par la Société Hollandaise des sciences, t. VI. n° 1728.
2. *Ibid. Discours sur la cause de la pesanteur.*
3. A cette dernière affirmation, nous opposons les ombres et les mirages.
4. *OEuvres philosophiques de Leibniz*, par M. Paul Janet, t. I, p. 627. Voir également. p. 630 et 631 (F. Alcan).
5. Locke. *Ess. phil. con. l'ent. hum.*, liv. II. chap. XIII.
6. *OEuvres complètes de Ch. Huygens*, t. IX. p. 461.

c'est l'action, l'effort, l'énergie[1]. » M. Paul Janet poursuit :
« Ainsi l'univers est un vaste dynamisme, un savant système
de forces individuelles harmoniquement liées sous le gouvernement d'une force primordiale dont l'activité absolue laisse
subsister en dehors d'elle l'activité propre des créatures et
les dirige sans les absorber[2]. » Il est évident qu'un tel système
de forces est mathématiquement impossible.

11. — On a objecté contre la résistance, que l'évanouissement par la pensée de l'étendue d'un corps entraînait *ipso
facto* la perte de l'idée même de ce corps. On peut observer
que cette affirmation n'est pas valable pour un aveugle-né à
qui, au contraire, l'évanouissement de la résistance fait
perdre l'idée de corps. L'énonciation qui implique l'étendue
dans la conception d'un corps manque donc de généralité.
Au surplus, la question est de savoir si, *a priori*, l'étendue
est la qualité principale des corps. Or, nous croyons avoir
démontré qu'il n'en était rien.

Qu'est-ce, en définitive, que cette étendue que nous concevons à trois dimensions et que la géométrie non euclidienne
permet de prendre à n dimensions ? Qu'est-ce que cette éten-
tendue qui est le jouet d'un peu de haschisch[3] ?

1. *OEuvres philosophiques de Leibniz*, par Paul Janet. Introduction
(F. Alcan).

2. *Ibid.*

3. On peut consulter à ce sujet : *Paradis artificiels de Baudelaire* et *Du
haschisch et de l'aliénation mentale*, par Moreau de Tours.

CHAPITRE III

1. — Le même corps ne peut avoir plusieurs degrés de résistance; autrement dit, la résistance est une *constante*, pour un corps donné, dans un milieu donné. C'est là une loi suggérée par l'observation et l'expérimentation, et généralisée par l'induction. Sans cette constance, on ne saurait expliquer la régularité des faits physiques, physiologiques et astronomiques.

Pour vaincre une résistance, un enfant dépense le même effort musculaire qu'un homme; mais, tandis qu'il utilise peut-être la moitié de sa puissance, l'homme ne dépense, lui, que la dixième partie de la sienne. Dans les deux cas, la dépense effective est la même. C'est la dépense relative qui est différente.

2. — La résistance est une objectivité, car elle est constante et marque dans le temps. On ne peut la comparer à la couleur, par exemple, qui est une subjectivité. La couleur, en effet, ne marque pas dans le temps et n'est pas constante, le daltonisme produisant des effets différents.

3. — La résistance est notre grand et notre premier instructeur. C'est la résistance à nos efforts musculaires, qui nous donne conscience du mouvement, de l'espace et du temps. C'est par l'exploration de son corps, donc encore par la résistance, que l'homme est parvenu à se créer une mesure des

grandeurs. Toutes les mesures primitives sont, en effet, dérivées du corps humain, ainsi que l'indiquent les termes de
doigt, pouce, pied, pas, coudée, palme, brasse, etc.

4. — La sensation de résistance est un élément premier
et toujours présent, même chez les animaux les plus rudi-
mentaires. C'est un élément premier, car il est indécomposable; il est toujours présent, car il résulte, soit de l'action
de l'animal sur le milieu, soit des réactions des membres de
l'animal entre eux. Toutes les autres sensations sont rappor-
tées à la sensation de résistance qui est leur origine première et constitue l'embryon de l'intelligence.

CHAPITRE IV

LA RÉSISTANCE NE DISSIMULE PAS L'EXISTENCE
OBJECTIVE DE LA FORCE

1. — Il n'y a pas de *force* cachée sous la résistance. La résistance est un fait qu'il faut accepter tel quel et qui nous est fourni d'ailleurs par l'expérience.

Elle résulte de l'impénétrabilité, autre donnée première qui signifie que, dans notre espace non-euclidien, deux corps ne peuvent pas en même temps occuper le même lieu.

Pour Kant, la résistance est une force. Le philosophe de Kœnigsberg a écrit : « Tout corps s'oppose par l'impénétrabilité à la force motrice d'un autre qui cherche à pénétrer dans l'espace qu'il occupe. Comme il est néanmoins, malgré la force motrice de l'autre, la raison de son repos, il s'ensuit que l'impénétrabilité suppose une force tout aussi véritable dans les parties du corps, moyennant laquelle elles occupent ensemble un espace, que peut l'être jamais celle par laquelle un autre corps tâche de pénétrer dans cet espace[1]. »

2. — On le voit, pour Kant, la *cause* de l'impénétrabilité est une *force*, mais une *force tout aussi véritable que peut l'être jamais celle par laquelle un corps tâche de pénétrer dans un espace occupé*. Dans ces conditions, si l'on accepte

---

1. Kant. *Essai ayant pour but d'introduire dans la philosophie le concept des quantités négatives.*

l'existence réelle de la force comme pouvoir moteur, il n'y a pas de raison plausible pour refuser à l'impénétrabilité la qualité de force. On peut même admettre avec Euler que l'impénétrabilité est la *source véritable* de tous les mouvements et de tous les changements[1].

C'est là une hypothèse que rien ne confirme et dont on peut d'ailleurs se passer. Il nous paraît plus simple, plus scientifique, de ne considérer dans les phénomènes que le seul mouvement, et de ne voir dans l'impénétrabilité qu'une qualité primordiale des corps, qualité dont l'essence nous échappe.

On ne doit pas oublier qu'en l'absence de toute résistance extérieure, un corps s'oppose encore au changement, en vertu de son inertie. A la vérité, sous ce dernier concept, on croit voir encore l'existence réelle de la force. Il en sera question ailleurs.

3. — Sans doute, il serait simple d'expliquer par la *force* la résistance, l'impénétrabilité et l'inertie, si, au préalable, on disait ce qu'est la force et si l'on prouvait son existence. Mais nous verrons qu'il n'en est pas ainsi et que les définitions de la force sont aussi nombreuses que contradictoires et obscures. Quant à son existence, non seulement elle n'est pas prouvée, mais beaucoup de philosophes et de physiciens la mettent sérieusement en doute.

4. — Dans l'expérimentation, la résistance vient de l'inertie, du frottement et du milieu. Disons quelques mots de ces deux derniers facteurs.

Le frottement dépend, comme on sait, de circonstances

1. Euler. *Ouv. cit.*, LXX.

diverses qu'il est inutile de rappeler. Il est fonction du poids. Pour les facilités du calcul, on peut considérer le frottement comme un mouvement empêchant. Cette assimilation est d'autant plus justifiée, que le frottement est transformable à volonté en chaleur, lumière ou électricité et que, réciproquement, il peut être réintégré dans son état premier. Or, la chaleur n'est que du mouvement, de même que la lumière ou l'électricité.

De ce que le frottement peut être considéré comme un mouvement empêchant, il va sans dire qu'on n'est pas autorisé à l'assimiler à la *force*. Nous ne pouvons donc souscrire à ces paroles de Helmholtz : « En réalité, le mouvement ne nous paraît si fugitif dans le cours ordinaire des choses, qu'à cause de l'influence de forces toujours opposées, telles que le frottement, la résistance de l'air, etc., qui affaiblissent sans cesse et finissent par anéantir les mouvements des corps terrestres [1]. »

On a encore un exemple de l'assimilation du frottement à un mouvement empêchant, dans l'action retardatrice des marées. On sait, en effet, que le mouvement des marées produit un frottement qui a pour résultat théorique de ralentir le mouvement diurne de la terre, malgré la faible densité relative de la mer — un cinquième de celle de la terre — et sa faible profondeur en comparaison du rayon terrestre. Cette influence a été signalée par Helmholtz et Herbert Spencer. Nous avons dit plus haut : *résultat théorique*, car les observations n'ont indiqué jusqu'à présent aucune diminution sensible dans le mouvement de rotation de la terre [2].

---

1. Helmholtz. *Exposé élémentaire de la transformation des forces naturelles.*

2. D'après Rousse-Ball, la terre met aujourd'hui 1/66 de seconde de plus

5. — Le milieu que nous supposerons immobile, pour ne rien compliquer, s'oppose directement au mouvement produit. Dans les calculs, l'influence du milieu est exprimée par un mouvement agissant en sens contraire du mouvement effectif. Ce mouvement conventionnel est fonction de ce dernier, suivant une loi connue. Ce mouvement *retardateur* dissimulerait-il l'existence réelle d'une force ? Dans l'affirmative, quelle serait donc la nature d'une telle force, naissant avec le mouvement effectif, grandissant, diminuant et disparaissant avec lui ? Et si, comme nous le verrons, le mouvement effectif ne dissimule pas de *force*, il serait singulier que le mouvement retardateur qu'il engendre en dissimulât une. Au fond, c'est toujours l'influence anthropomorphique qui nous porte à affirmer l'existence de la *force*. Et cependant, en nous et autour de nous, nous ne voyons que des mouvements et des combinaisons continues de mouvements.

6. — En assimilant la résistance à un mouvement, nous ne voulons rien préjuger quant à son essence qui nous reste inconnue. M. Paul Janet n'élucide pas la question, en affirmant que la résistance, ou l'impénétrabilité, est un certain degré d'activité et non un mouvement[1]. Que peut bien être une activité qui n'est ni un mouvement effectif ni un mouvement empêchant ?

Quant à l'impénétrabilité, nous avons déjà dit qu'elle était de nécessité absolue dans notre espace non-euclidien. Ajoutons que, sans elle, les mouvements du Cosmos ne donne-

---

qu'il y a 2500 ans dans le temps de sa rotation. Les calculs de Laplace, établis d'après les observations d'Hipparque, ne donnent que 1/300 de seconde de plus, pour une période de 2000 ans.

1. *Œuvres philosophiques de Leibniz*, par Paul Janet.

raient lieu à aucune combinaison et le monde serait figé dans une constante immobilité. L'évolution ne pourrait produire ses effets, et l'univers, si tant est qu'il subsistât, resterait confiné au début de son stade initial.

Mais il n'en est pas ainsi. La matière est toujours résistante et active ; du moins nous ne la comprenons pas autrement. Un corps absolument passif, serait à la fois un non-sens et un pur néant ; un non-sens, car il représenterait une entité dépourvue de qualités ; un pur néant, car il ne jouerait aucun rôle dans le milieu. Leibniz, qui était un partisan de l'existence réelle de la *force*, a écrit à Fontenelle : « Les lois du mouvement ne sont donc point de nécessité géométrique non plus que l'architecture. Et cependant il y a entre elles et la nature du corps, des rapports qui même ne nous échappent pas tout à fait. Ces rapports sont fondés principalement dans l'entéléchie ou principe de la force qui joint à la matière achève la substance corporelle[1]. »

1. *Lettres et opuscules inédits de Leibniz* par Foucher de Careil, Paris, 1854.

LIVRE III

PREMIÈRE PARTIE
LA LOI DE CONTINUITÉ

CHAPITRE PREMIER

1. — Le fait premier sur lequel l'accord est unanime, est l'existence même de l'univers. Mais les divergences surgissent, dès qu'il s'agit de savoir ou plutôt de supposer les conditions de son existence. En l'absence de données positives à ce sujet, il est permis de faire une hypothèse qui ne sera valable toutefois, que si elle est justifiée par les faits et par la théorie. Cette hypothèse est la *loi de l'ordre*.

En parlant de la loi physique, nous avons rappelé les faits principaux qui témoignent en faveur de cette hypothèse. La théorie est tout aussi explicite. Pourquoi admettons-nous que l'univers est soumis à la loi de l'ordre? Parce que sans ce facteur, ses mouvements variant en intensité et en direction, au gré d'une fantaisie aveugle, produiraient fatalement entre eux des heurts continuels; parce que, dans ces conditions, aucun équilibre dynamique ne saurait durer, et le Cosmos se réduirait, ou plutôt serait réduit en un émiettement général.

Dans cette argumentation, nous postulons l'existence des lois du mouvement. Mais cet appel est légitime, car sans ces lois, le mouvement lui-même nous apparaîtrait comme impossible à réaliser. Or, le mouvement existe. *L'ordre* que nous avons reconnu par l'expérience et par le raisonnement peut donc être étendu par l'induction à l'univers entier. Il reste convenu que l'hypothèse de l'*ordre* ne se base sur aucun principe téléologique.

2. — Le principe de *continuité*, lui, repose sur la loi de l'ordre. Il n'y a pas d'interruption dans la marche de l'univers : tout s'y fait par degrés insensibles. C'est ce que Leibniz appelait la *loi de continuité*, à laquelle il donnait une très grande importance qui n'a pas toujours été comprise. « Cette loi de la continuité, dit Kant, est une proposition que Leibniz mit le premier en avant, mais qui n'a été comprise jusqu'ici que d'un petit nombre[1]. »

A la rigueur on peut admettre que la *loi de continuité* est une conséquence de la *loi de l'ordre*. Pourquoi ? Parce que toute interruption partielle ou tout saut brusque dans les mouvements entraverait la marche des autres éléments et serait contraire, par conséquent, à la *loi de l'ordre*.

Qu'on ne se méprenne pas sur la portée de nos énonciations. Dans un monde où tout nous paraît se mouvoir et se modifier, les deux lois de l'*ordre* et de la *continuité* expliquent bien la marche et le maintien de ce monde. Quant à savoir si la nature n'a pas d'autres procédés, c'est là une question qui ne sera jamais élucidée et qui, d'ailleurs, n'est pas du ressort de la philosophie positive. Il ne s'agit pas

---

1. Kant. *Cosmologie.*

non plus de savoir si un univers nouveau ne serait pas possible sans la loi de continuité. Nous présentons simplement une hypothèse qui rend compte des relations du monde physique et des relations du monde moral. On ne doit pas oublier que les réalités nous sont à jamais fermées.

3. — Qu'est-ce que la continuité ? C'est la constance, la persistance dans l'état initial, qu'il s'agisse de repos ou de mouvement, de quantité ou de qualité.

Cette constance n'empêche pas, en dynamique, les combinaisons de mouvements de se produire. Elle donne, au contraire, pleine satisfaction aux différents éléments en jeu, suivant des lois qu'on a su découvrir. En chimie, elle pourrait peut-être expliquer l'affinité, par cette considération que plusieurs mouvements étant supposés ne pouvoir coexister à l'état séparé, s'unissent ou se combinent dans des conditions données, et conservent ainsi chacun, avec la continuité, leur individualité.

En tous cas, c'est encore en vertu de la loi de continuité, qu'on retrouve dans la résolution des combinaisons les éléments constitutifs premiers. On aperçoit son action dans la *lois des substitutions*. L'évolution n'est, en définitive, qu'une manifestation grandiose de la loi de continuité. Celle-ci explique encore la *marche* sans interruption des espèces, étant donné que le mouvement paraît la seule activité dans la nature. Il y a plus encore. Elle indique par l'anatomie comparée, la zoologie, la paléontologie et l'ontogénie, que l'homme ne peut avoir d'autre origine animale que l'origine *simienne*, contrairement à l'opinion de Virchow [1].

1. On peut consulter à ce sujet les ouvrages d'Ernest Haeckel : *Origine*

Dans un autre ordre d'idées, l'animal tend invinciblement à sa conservation qui est la continuité dans l'espace et dans le temps. L'homme est tellement imbu de ce sentiment de conservation, qu'il s'adjuge l'immortalité, c'est-à-dire la continuité indéfinie. La mort semble contraire à la loi de continuité ; mais il n'en est rien : c'est la réalisation de systèmes compliqués de mouvements en d'autres systèmes très simples.

4. — L'idée de continuité nous est donnée par l'intuition. Les notions d'espace et de temps l'ont suggérée et fortifiée. On trouve dans l'épanouissement de l'espace et dans l'écoulement du temps, l'image de la continuité. La pensée ne peut nous venir qu'une lacune se produise dans l'espace ou qu'un arrêt se forme dans le temps.

L'idée de continuité est encore fortifiée par la perception du mouvement dans lequel on ne peut concevoir aucun arrêt. Ch. Renouvier ne voit là qu'une illusion psychologique[1]. Nous rencontrerons plus loin son argumentation ; mais en admettant même la thèse du célèbre philosophe français, nous pensons que l'idée de continuité peut être suggérée par une illusion psychologique tout aussi bien que par une réalité. La marche de la vie et les mouvements planétaires renforcent encore en nous cette notion première.

de l'homme ; *Histoire de la création des êtres organisés d'après les lois naturelles* ; traduction par Charles Letourneau.

1. Ch. Renouvier : *Deuxième essai.*

CHAPITRE II

1. — Dans ses études, l'homme a commencé par le discontinu. Il a été du discontinu au continu ; d'abord, parce que le premier état l'a frappé davantage ; ensuite, parce que la distinction des objets est la première condition à remplir dans toute étude.

En mathématiques, notamment, l'homme a procédé par séparation, par division, donc par les nombres.

Les nombres et les différentes figures géométriques sont des preuves de la discontinuité.

Il importe de remarquer que, dans la perception de la continuité, nos sens peuvent nous induire en erreur et nous faire prendre pour continu ce qui n'est qu'un amas de particules ténues. Aussi, est-ce par la raison et non par les indications des sens, que nous affirmons l'existence de la continuité. En résumé, l'intuition et les sens nous ont donné l'idée de la continuité, et la raison a confirmé cette croyance.

2. — Les grandeurs étudiées en géométrie et en mécanique, les lignes, les surfaces, les volumes, les vitesses, les résistances, etc., sont regardées comme des quantités continues, parce que nous ne concevons pas qu'elles puissent varier sans passer par tous les états intermédiaires de grandeur.

Sans doute, nous ignorons l'essence de ces différents éléments, comme nous ignorons celle du mouvement lui-même :

mais, dans notre conception, nous devons leur attribuer la continuité, sous peine d'enrayer leur étude.

Ainsi, dans le mouvement, sans rechercher si une autre hypothèse ne serait pas également valable, nous ne voulons concevoir aucune série de repos.

3. — Dans la conception des figures géométriques et des éléments premiers de la mécanique, l'attribut de continuité est uni à celui de grandeur. La grandeur est considérée comme un tout homogène, donc un tout continu. Elle est même l'expression mathématique de la continuité. Par la pensée, elle peut être divisée en tel nombre de parties qu'on voudra ; elle est alors mesurée, si l'on prend une de ces parties pour unité. La grandeur mesurée donne lieu à la quantité. Dans ces conditions, la quantité est une donnée empirique et non une *catégorie*.

Pour arriver à ce résultat, l'esprit humain a dû acquérir d'abord l'idée de *nombre*, puis l'idée de *grandeur*. Il lui a été facile alors d'établir un rapprochement, une comparaison entre ces deux éléments qui sont d'ailleurs dans la nature.

4. — Il est utile de remarquer que l'unité de mesure dans le cas des grandeurs continues, a une acception tout autre que dans le cas des grandeurs discontinues. Ici, elle est fournie par l'expérience ; là, imaginée par la spéculation de l'esprit ! Les Pythagoriciens ont confondu ces deux unités dans le même concept et ont ainsi donné prise aux attaques justifiées de Zénon d'Elée.

5. — Cournot a clairement montré l'importance des idées

de nombre et de quantité. Écoutons ce savant mathématicien :
« A quoi tient donc cette singulière prérogative des idées de
nombre et de quantité ? D'une part, à ce que l'expression
symbolique des nombres peut être systématisée de manière
qu'avec un nombre limité de signes conventionnels (par
exemple, dans notre numération écrite, avec dix caractères
seulement) on ait la faculté d'exprimer tous les nombres possibles, et, par suite, toutes les grandeurs commensurables,
avec celles qu'on aura prises pour unités ; d'autre part, à ce
que, bien qu'on ne puisse exprimer rigoureusement en
nombres des grandeurs incommensurables, on a un procédé
simple et régulier pour en donner une expression numérique
aussi rapprochée que nos besoins le requièrent : d'où il suit
que la continuité des grandeurs n'est pas un obstacle à ce
qu'on les exprime toutes par des combinaisons de signes distincts en nombre limité, et à ce qu'on les soumette toutes par
ce moyen aux opérations du calcul ; l'erreur qui en résulte
pouvant toujours être indéfiniment atténuée, ou n'ayant de
limites que celle qu'apporte l'imperfection de nos sens à la
rigoureuse détermination des données primordiales.

« La métrologie est la plus simple et la plus complète solution, mais seulement dans un cas singulier, d'un problème
sur lequel n'a cessé de travailler l'esprit humain : exprimer
des qualités ou des rapports à variations continues à l'aide
de règles syntaxiques applicables à un système de signes
individuels ou discontinus, et en nombre nécessairement
limité, en vertu de la convention qui les institue. Les trois
grandes inventions qui ont successivement étendu, pour les
modernes, le domaine du calcul, le système de la numération
décimale, la théorie des courbes de Descartes et l'algorithme

infinitésimal de Leibniz, ne sont, au fond, que trois grands pas faits dans l'art d'appliquer des signes conventionnels à l'expression des rapports mathématiques régis par la loi de continuité [1]. »

1. Cournot. *Essai sur le fondement de nos connaissances,* Paris, 1851.

CHAPITRE III

1. — Les immortels travaux de Berthelot en chimie organique et les récentes découvertes sur la radioactivité ont
fortifié cette idée que, dans l'ordre inorganique comme dans
l'ordre organique, tous les changements se ramènent à des
mouvements atomiques ou moléculaires. Taine a écrit, il y a
des années : « Autant que nous pouvons en juger, et d'après
les découvertes récentes, tous les changements d'un corps,
physiques, chimiques ou vitaux, se ramènent à des mouvements de molécules ; pareillement, la chaleur, la lumière, les
affinités chimiques, l'électricité, peut-être la gravitation elle-
même, toutes les forces qui provoquent ces changements et
provoquent le mouvement lui-même se réduisent à des mouvements. D'où il suit que dans la nature visible il n'y a que
des corps en mouvement, ce qui réduit tout changement corporel au passage de telle quantité de mouvement transportée
du moteur dans le mobile, opération qui, comme on s'en est
assuré, a lieu sans gain ni perte, en sorte qu'à la fin du circuit
la dépense est couverte par la recette et que la force finale se
retrouve égale à la force initiale [1]. »

2. — Ici se pose une question importante qui mérite d'être
élucidée : le mouvement est-il continu ? Ou bien encore :
la continuité du mouvement est-elle mathématique ? Ch. Re-

---

1. Taine. *De l'Intelligence*, t. II, chap. III. Nous revenons sur cette question plus loin.

nouvier n'admet la continuité mathématique du mouvement qu'en dehors de l'expérience. Il écrit : « Si nous demeurons dans le temps et l'espace purs, selon la représentation, abstraction faite de toute qualité, et hors du domaine de l'expérience, le mouvement est donné comme continu ; ses moments suivent la division indéfinie de la droite qui sépare deux stations... Tel est le mouvement dont les lois sont l'objet de la mécanique rationnelle [1]. »

Nous pensons que l'hypothèse de la continuité du mouvement ne peut être rejetée de l'expérience, sans heurter les faits grandioses de l'astronomie et sans acculer l'esprit aux pires difficultés. On va pouvoir s'en convaincre.

3. — Dans le mouvement discontinu, comment expliquer les chutes du mouvement, les repos et les limites aux changements d'état ? Comment faire concorder la permanence de la *force vive* avec ces alternances de repos et de mouvement ? Qu'est-ce que cette série entrecoupée de zéros, c'est-à-dire de repos, et comment se modifie-t-elle si le mouvement prend, par exemple, une allure plus rapide ? Les périodes de repos sont-elles plus courtes ou moins nombreuses ? Ou bien encore les périodes de mouvement sont-elles plus longues, ou simplement plus nombreuses ? Entre deux zéros, c'est-à-dire entre deux repos, le mouvement est-il continu ? Si oui, pourquoi cette dérogation à la loi du discontinu ? Si non, comment justifier l'existence de ces nouveaux zéros entre les deux repos ou zéros considérés ? Comme la question peut se répéter indéfiniment, on arrive à cette conclusion que le mouvement est composé uniquement de repos.

1. Ch. Renouvier. *Premier essai.*

4. — On invoquera peut-être en faveur de la thèse de
Ch. Renouvier, le mouvement pendulaire. Dans ce mouvement, en effet, il y a deux zéros ; mais ceux-ci sont mathématiquement connus et déterminés, ce qui n'est pas le cas
des zéros du mouvement discontinu. Si d'autres zéros existent dans le mouvement pendulaire, ainsi que le prétendent
les défenseurs du discontinu, comment se fait-il que ces repos
ne supportent pas la même détermination mécanique que les
deux zéros reconnus ? Il y a donc différentes espèces de
zéros, c'est-à-dire de repos, et il importe de les définir et de
les déterminer. Que de difficultés !

Au surplus, dans la nature, où se rencontre le cas d'un
mouvement pendulaire ? Ce n'est pas l'astronomie qui le
fournira, car tout le monde sait que le moindre *arrêt* dans la
trajectoire d'une planète ferait instantanément tomber l'astre
sur le soleil.

5. — Que nous estimions de l'œil une distance, une superficie, un volume ; ou bien que nous soulevions un fardeau,
nous ne pouvons concevoir aucune interruption dans la ligne
idéale, dans le plan idéal ou dans le cube idéal que nous for-
mons, pas plus que dans le sentiment de l'effort que nous déve-
loppons. C'est là l'affirmation instinctive ou intuitive de la continuité.

Non seulement, nous ne pouvons concevoir au mouvement
ni un commencement ni une fin, ainsi que nous le verrons
ailleurs, mais il jouit encore de la continuité interne, si nous
pouvons nous exprimer ainsi. Si, par la pensée, nous lui supposons des divisions, c'est uniquement pour les facilités du
calcul.

6. — Au point de vue philosophique, les *repos* qu'on veut insinuer dans le mouvement constituent une inutilité et même une nuisance, car ils diminuent l'effet obtenu, sans profit aucun. Sont-ils peut-être de l'essence même du mouvement ? Cette question n'est pas de notre ressort. En fait, nous ignorons l'essence du continu, comme nous ignorons l'essence du mouvement ; mais la raison, qui a le choix entre deux hypothèses, doit nécessairement choisir celle qui explique les faits sans heurter les théories admises. Or, la continuité du mouvement répond à l'expérience astronomique et au principe logique de la raison suffisante. Nous ne pouvons donc souscrire à ces paroles de Ch. Renouvier : « Le jeu des fonctions physiques a lieu avec continuité, sensiblement et en apparence, car, au fond, la logique nous interdit de voir dans le devenir quel qu'il soit, autre chose qu'une série extrêmement rapide de phénomènes érectiles suivis de repos [1]. »

7. — Comme on voit, Ch. Renouvier fait appel à la logique et il précise comme suit sa pensée : « Une continuité effective de phénomènes quelconques implique contradiction. Pour qu'il en fût autrement, il faudrait que le phénomène dit continu fût de nature à ne comporter en lui-même nulle distinction de parties ni de moments... Il est d'ailleurs bien entendu qu'il s'agit de la continuité rigoureuse et mathématique. Quand on a compris cette vérité démontrée, on ne peut composer aucun ordre naturel de changements que d'actes intermittents, de phénomènes périodiques [2]. »

On reconnaît ce genre d'argumentation. Les partisans de

1. Ch. Renouvier. *Deuxième Essai.*
2. *Ibid.*

l'existence réelle des *infiniment petits* ne peuvent échapper à la thèse de Ch. Renouvier. Pour nous, qui ne voyons dans les *infiniment petits*, avec Leibniz, que des fictions de l'esprit imaginées pour les besoins du calcul et appelées en fin de compte à disparaître, nous ne sommes pas atteints par l'argumentation de Ch. Renouvier.

8. — Précisons notre pensée. Dans la Théodicée, Leibniz dit expressément : « On s'embarrasse dans les séries des nombres qui vont à l'infini. On conçoit un dernier terme, un nombre infini ou infiniment petit, mais tout cela ce sont des fictions. Tout nombre est fini et est assignable, toute figure l'est de même, et les infinis ou infiniment petits n'y signifient que des grandeurs qu'on peut prendre aussi grandes ou aussi petites, pour montrer qu'une erreur est moindre que celle qu'on a envisagée, c'est-à-dire qu'il n'y a pas d'erreur[1]. » Écoutons d'Alembert sur le même sujet : « La méthode des infiniment petits, dit-il, a un inconvénient, c'est que les commençants qui n'en pénètrent toujours pas l'esprit, pourraient s'accoutumer à regarder ces infiniment petits comme des réalités ; c'est une erreur contre laquelle on doit être d'autant plus en garde que de grands hommes y sont tombés, et qu'elle a même donné occasion à quelques mauvais livres contre la certitude de la géométrie[2]. »

---

1. Leibniz. *Théodicée.*

2. D'Alembert. *Traité de dynamique.* Impr. David l'aîné. — J.-B. Brasseur, de l'Académie royale des sciences de Belgique, « a évité l'idée indirecte des limites, l'idée incompréhensible des infiniment petits et la notion métaphysique des fluxions, en considérant deux états successifs d'une fonction continue et en faisant leur différence aussi petite qu'on voudra, mais *sans qu'elle devienne jamais nulle* ». Voir : *Exposition nouvelle des principes du calcul différentiel et intégral*, par J.-B. Brasseur, Liège, 1868. Impr. Desoer. Ce travail a été publié, d'après le manuscrit de l'auteur, par M. F. Folie, de l'Académie royale des sciences de Belgique.

9. — Aujourd'hui encore, l'existence réelle des infiniment petits compte des partisans nombreux parmi les mathématiciens, et non des moindres. La métaphysique n'est pas étrangère à cette croyance. L'infini se prête très bien, en effet, à sa dialectique. C'est ainsi que d'aucuns affirment que l'espace est infini sous le fallacieux prétexte que l'*espace fini* est incompréhensible, alors qu'il est avéré que ces deux alternatives dépassent également notre entendement. On a même été jusqu'à parler d'un temps à deux dimensions !...

Nous avons dit que les partisans de l'existence réelle des *infiniment petits* ne pouvaient réfuter Ch. Renouvier dans sa thèse contre le continu. Ils ont la même impuissance vis-à-vis de Zénon d'Élée dans son argumentation contre le mouvement. On connaît la formule des Pythagoriciens : *les choses sont nombres*. Ainsi le point mathématique est limité, et le corps géométrique est une somme de points. En appliquant cette fausse proposition, l'éléate nie la possibilité du mouvement. A cet effet, il donne une réalité à un temps *infiniment petit* dans l'argument de la flèche[1], et une réalité à un espace *infiniment petit* dans l'argument de l'*Achille* et dans celui de la Dichotomie, pour prouver l'impossibilité du mouvement[2].

10. — Le principe de continuité, auquel Leibniz attachait une importance capitale, a-t-il reçu toutes les applications

---

1. La flèche qui vole ne change point de position dans l'espace pendant une série ininterrompue *d'instants réels et indivisibles* ; donc elle est en repos.

2. D'illustres philosophes et mathématiciens se sont occupés des arguments de Zénon. Après Aristote, dans l'antiquité, on peut citer Descartes, Leibniz, Bayle, Hamilton, Hegel, Stuart Mill, etc., et, de nos jours, MM. Paul Tannery, Zeller, Renouvier, Ch. Dunan, etc.

théoriques et pratiques dont il est susceptible ? Nous ne pensons pas. On peut l'utiliser, semble-t-il, pour l'établissement des lois premières de la mécanique et notamment de *l'inertie*. Il éclaire d'un jour nouveau les hypothèses faites à l'occasion du concept de mouvement. Il explique même jusqu'à un certain point l'affinité chimique.

Le principe de continuité porte à penser que l'éther n'est pas impondérable, bien qu'il ait échappé jusqu'à présent à nos appareils de mesure. En effet, dans le choix entre deux hypothèses, il nous incite à prendre celle qui n'introduit pas d'exception dans la loi de gravitation.

Dans cette vue, on peut même se demander si le poids de l'éther ne pourrait pas être établi par le calcul, en se servant des *constantes approximatives* de la physique, de la chimie et, peut-être, de l'astronomie. L'éther ne serait-il pas l'agent qui produit les irrégularités observées dans les lois de la physique, celles de Mariotte, de Gay-Lussac, de Dulong et Petit, etc. ? En chimie, l'influence de l'*état naissant* ne pourrait-elle s'expliquer par ce fait que les corps en présence sont à l'abri, pendant un temps très court, de l'action perturbatrice de l'éther ? Dans un autre ordre d'idées, la somme des poids des composants gazeux n'est-elle pas supérieure au poids de leur combinaison ? Dans l'affirmative, la différence serait due à la présence de l'éther. L'illustre chimiste Dumas a dit en présentant à l'Académie des science de Paris un ouvrage du savant belge Stas qui mettait en doute la loi de Proust : « M. Stas arrive à établir que les poids atomiques des corps simples ne sont pas des multiples par des nombres entiers de celui de l'hydrogène ou d'une plus faible unité.

« Si ses propres expériences, conformes en ce point à

celles de ses prédécesseurs, mais assurément plus précises
et plus concluantes, établissent ce point, elles montrent aussi
que ces multiples ne diffèrent des nombres entiers que par
des fractions d'un ordre tel qu'on est fondé à y voir l'intervention de quelque cause perturbatrice masquant la simplicité de la loi signalée par le Dr Proust[1]. »

Cette *cause perturbatrice* ne serait-elle pas due à l'action
de l'éther ?

Au point de vue de l'astronomie, il est à remarquer que
certaines comètes paraissent témoigner d'une densité appré-
ciable de l'éther. « L'éther, écrit un savant français, M. Boussinesq, n'oppose au mouvement des corps célestes qu'une
résistance extrêmement faible, que les observations les plus
précises sur les planètes n'ont pu même faire soupçonner.
Les seuls phénomènes astronomiques qui aient *paru* en
manifester l'existence sont relatifs à certaines comètes, corps
beaucoup moins denses que les planètes et sur lesquels une
minime résistance aurait, par suite, bien plus de prise[2]. »
Enfin, la transmission par l'éther de vibrations transversales,
si faibles soient-elles d'amplitude, n'implique-t-elle pas l'existence d'une densité en ce fluide hypothétique ?

1. *Comptes rendus hebdomadaires de l'Académie des sciences.* t. LXII,
1866.

2. Boussinesq. *Théorie analytique de la chaleur*, t. I, Paris, 1901.

CHAPITRE IV

LA CONTINUITÉ APPLIQUÉE AUX ÉLÉMENTS PREMIERS
DE LA GÉOMÉTRIE

1. — Au début d'une science, les notions premières reposent toujours sur des faits d'intuition d'une haute valeur, car ceux-ci sont le résultat de l'expérience individuelle et de l'expérience ancestrale. Aussi, n'est-il pas possible de s'en passer, sans obscurcir les notions mêmes qu'on veut établir. Voilà pourquoi, à la base des sciences déductives et notamment de la géométrie, on trouve des postulats et des concepts fournis par l'intuition. La droite et le plan sont de ce nombre.

Sans doute, on peut définir ces deux concepts par une qualité restrictive, mais ce procédé ne fait connaître ni la nature de ces deux éléments ni le moyen de les construire. « Les définitions de figures à l'aide de constructions géométriques, dit Ch. Renouvier, les suppositions de lieux pour les points, les lignes ou surfaces qui satisfont à des qualités requises, et tout d'abord les plus simples définitions des éléments d'Euclide impliquent des faits d'intuition que nulle démonstration n'atteindrait sans en supposer d'autres du même genre[1]. »

2. — L'espace géométrique euclidien n'est pas fourni par l'intuition. C'est notre espace, dénaturé par la spéculation

1. Ch. Renouvier. *Premier essai.*

de l'esprit et élargi par l'induction. Aussi, cet espace où plusieurs figures géométriques peuvent occuper à la fois le même lieu, n'a-t-il pas d'existence objective. C'est encore l'espace où la forme des figures est indépendante de leur grandeur, où la *continuité qualitative n'est pas altérée par la continuité quantitative.*

L'espace euclidien n'étant pas une forme d'intuition, on comprend que la géométrie euclidienne ne soit pas plus *vraie* que celle de Lobatchenski ou celle de Riemann. Seulement, elle est plus simple, plus commode que ces dernières et répond mieux qu'elles à nos acquisitions premières[1].

3. — LA CONTINUITÉ QUANTITATIVE. — La continuité quantitative s'applique à toutes les figures géométriques de grandeur indéfinie.

LA CONTINUITÉ QUALITATIVE. — La continuité qualitative s'applique à toutes les figures géométriques dont les parties sont identiques entre elles, c'est-à-dire ne présentent aucune différence en dehors de la quantité.

Ch. Renouvier donne la définition suivante de la qualité : « Toutes les fois que les phénomènes sont rapportés les uns aux autres, sans supposition quelconque de changement, et en tant qu'on ne les considère pas comme quantité, leurs rapports sont assujettis à une forme générale qui est la qualité[2]. »

LA SUPERPOSITION DE TOUTES LES MANIÈRES. — On reconnaît

---

1. Voir à ce sujet : *La science et l'hypothèse,* par H. Poincaré.
2. Ch. Renouvier. *Premier essai.*

la continuité qualitative, au moyen de la *superposition de toutes les manières*. Nous disons « de toutes les manières » car une ligne, une surface ou un volume peuvent être vus de haut, de bas, de droite, de gauche, et des côtés intermédiaires. Ainsi, par exemple, la circonférence de cercle ne jouit pas de la continuité qualitative, pour deux raisons : 1° Elle est fermée, alors que ses parties (les arcs) sont ouvertes ; 2° On ne peut superposer *de toutes les manières* les arcs entre eux, en plaçant, par exemple, la convexité sur la concavité.

Pour des raisons analogues, la surface de la sphère ne jouit pas de la continuité qualitative.

4. — La ligne droite. — La ligne droite est la ligne indéfinie qui jouit de la *continuité quantitative* et de la *continuité qualitative* ; autrement dit, la ligne indéfinie dont deux parties quelconques peuvent se superposer de toutes les manières.

Postulat. — Avec Euclide, nous postulons l'existence *a priori* de la ligne droite.

Propriété. — Par deux points donnés, on ne peut faire passer qu'une seule droite.

Démonstration. — Réunissons les deux points donnés par une droite indéfinie. Si une seconde droite unissait encore ces deux points, elle s'*éloignerait* de la première droite à partir du premier point et se *rapprocherait* d'elle au second point. Les parties de cette seconde droite présenteraient donc entre elles des différences en dehors de la *quantité* et cette seconde droite ne jouirait pas de la continuité qualitative, ce qui est contraire à la définition.

Si la seconde droite coïncidant avec la première entre les deux points donnés, se séparait d'elle à partir de ces points, elle ne jouirait pas encore de la continuité qualitative, car après s'être confondue avec une partie de la première droite, elle se séparerait d'elle.

Propriété. — La ligne droite est la ligne la plus courte qu'on puisse mener entre deux quelconques de ses points.

Démonstration. — Si entre deux points quelconques d'une droite indéfinie, il y avait une ligne plus courte que la droite qui les unit, cette ligne serait, non seulement la plus courte entre les deux points considérés, mais encore entre deux quelconques de ses points à elle. Cette ligne comprendrait donc toutes les distances les plus courtes entre ses divers points et toutes ses parties jouiraient des mêmes qualités : elle serait une droite se confondant avec la première, en vertu de la propriété précédente.

5. — On a donné de nombreuses définitions de la droite ; rappelons-en quelques-unes. Pour Euclide, la droite est la ligne qui est semblablement placée entre ses points. Archimède définit la droite comme étant la plus courte des lignes qui ont les mêmes extrémités. Pour Leibniz, la droite est la ligne dont deux parties quelconques ne diffèrent qu'en longueur [1]. Legendre dit : « la ligne droite est le plus court chemin d'un point à un autre. » Blanchet estimant que les définitions d'Archimède et de Legendre ne s'appliquent qu'à une portion de droite, donne la définition suivante : la ligne

1. Delbœuf a donné la même définition dans ses *Prolégomènes de la géométrie.* Dans son *Essai de logique scientifique,* il reconnaît que l'antériorité appartient à Leibniz.

droite est une ligne indéfinie qui est le plus court chemin entre deux quelconques de ses points. Delbœuf critique cette définition où *une ligne est un chemin*. M. Uberweg définit la ligne droite : la ligne de direction constante. Il explique longuement le concept de direction. On a encore défini la ligne droite, celle qui ne sort pas d'elle-même quand on la fait tourner autour de deux de ses points. Pour Charles Renouvier : « la ligne droite est celle dont tous les points se suivent en se couvrant, ou encore, dont les points ne laissent entre eux aucun intervalle superficiel[1]. »

Ces différentes définitions de la droite témoignent à suffisance de la difficulté de bien définir ce concept.

6. — *Le plan*. — Le plan est la surface indéfinie qui jouit de la continuité quantitative et de la continuité qualitative ; autrement dit, la surface indéfinie dont deux parties quelconques peuvent se superposer de toutes les manières.

Postulat. — Avec Euclide, nous postulons l'existence *a priori* du plan.

Propriété. — Par trois points donnés non en ligne droite, on ne peut faire passer qu'un seul plan.

Démonstration. — Réunissons les trois points donnés par un plan indéfini. Si un second plan unissait encore ces trois points, il s'éloignerait du premier plan à partir de deux des points et se rapprocherait de lui au troisième point. Les parties de ce second plan présenteraient donc entre elles des différences en dehors de la quantité, et ce second plan ne jouirait pas de la continuité qualitative, ce qui est contraire à la définition.

---

1. Ch. Renouvier. *Premier essai*.

7. — Ch. Renouvier définit la surface « la synthèse de l'interposition des lignes possibles entre deux étendues linéaires quelconques, et procédant des unes aux autres suivant une certaine loi[1]. » Et le plan : « la plus simple des surfaces, est celle dont les lignes se suivent en se couvrant ou ne laissant entre elles aucun intervalle de volume[2]. »

Il serait facile d'appliquer aux *parallèles* les conditions de la continuité quantitative et de la continuité qualitative.

Ensemble rectiligne. — Quand deux droites indéfinies sont situées dans un même plan, sans rechercher si elles se coupent ou non, elles forment une entité spéciale qu'on peut appeler *ensemble rectiligne.*

Droites parallèles. — Deux droites sont parallèles, quand situées dans un même plan, elles forment un *ensemble rectiligne* jouissant de la continuité quantitative et de la continuité qualitative.

Une partie d'un ensemble rectiligne est une partie comprise entre deux transversales quelconques.

Il serait facile de prouver que deux droites parallèles ne peuvent se rencontrer, etc.

1. Ch. Renouvier. *Premier essai.*
2. *Ibid.*

DEUXIÈME PARTIE
LE PRINCIPE DE CAUSALITÉ ET LA FORCE

CHAPITRE PREMIER

1. — Les sciences ont ce précieux avantage d'*économiser* la pensée. Mais pour économiser, il faut posséder, donc avoir acquis. Or, le but de la philosophie positive est de rechercher toujours un point de vue plus général, plus fécond. Il y a donc entre les sciences et la philosophie positive un échange continuel et réciproque de services. Quand les mathématiques eurent créé la *fonction* et quand Galilée eut appliqué ses rapports au mouvement des graves, créant ainsi la mécanique, la philosophie positive s'empara de la fonction et l'appliqua aux phénomènes de la nature. A cet effet, la matière fut considérée comme parfaitement homogène, et l'atome de Démocrite devint un élément mathématique dont la matière était négligée ; autrement dit, une *différentielle*. La doctrine antique qui cherchait l'explication des choses dans l'étude des contraires considérés qualitativement, fut détrônée, et la *fonction mathématique*, surtout après la création du calcul différentiel et intégral, fut appliquée aux phénomènes de la nature. La théorie de l'évolution, la théorie cellulaire et la théorie microbienne sont des conséquences de cette nouvelle orientation de l'esprit humain.

2. — Deux concepts, celui de *force* et celui de *causalité*
ont subi l'influence bienfaisante de la fonction. Non seulement la *force* sort du domaine transcendant, mais elle se
dégage encore de tout lien corporel, pour devenir enfin la
synthèse du mouvement.

Le concept de causalité, plus encore que le précédent, a
nécessité l'intervention de la fonction et de la direction nouvelle donnée aux idées par la considération de la contiguïté,
pour se dégager de toute gangue métaphysique et devenir un
simple rapport de succession, la *nécessité* ou le *pouvoir*
s'expliquant par le principe de continuité.

3. — Il n'est pas inutile de remarquer que, dans la nature,
il n'y a ni cause ni effet. Tous les événements du Cosmos se
déroulent avec une continuité et une régularité qui nous portent à les supposer dominés par un déterminisme universel.
Dans cette chaîne ininterrompue, où chaque anneau a la
même valeur que celui qui le précède et celui qui le suit, il
n'y a de place, ni pour la *cause* ni pour l'*effet*, ni pour la
force. D'ailleurs, la nature n'est jamais présente qu'une fois,
ainsi que le remarque M. Ernest Mach. Elle ne se répète
jamais identiquement, du moins les faits et la raison nous
portent à le croire.

Si l'anthropomorphisme a obscurci le concept de force, la
métaphysique et la psychologie n'ont pas peu contribué à
dénaturer le concept de causalité.

Nous n'avons pas à exposer et à discuter les théories nombreuses auxquelles ce dernier élément a donné lieu. Nous
avons simplement à nous assurer s'il ne dissimulerait pas
directement ou indirectement l'existence réelle de la force.

CHAPITRE II

1. — Dans la causalité, on peut distinguer l'*idée*, la *croyance* et le *principe général* ou le concept même de causalité. Examinons le principe général qui est naturellement le plus important de ces trois éléments.

Dans le concept de causalité, on relève deux points :

1° Une succession d'événements ;

2° Une liaison nécessaire entre ces événements.

Sur le premier point, l'accord est unanime : l'expérience fournit la succession. Quant au second point, de beaucoup le plus important, le désaccord est grand, et les théories sont nombreuses.

2. — Ch. Renouvier a bien posé la question en ces termes : « Hume, auteur d'une critique célèbre de la causalité, démontre, ce que j'admets, que les causes, quant à l'observation externe, se réduisent à de simples rapports de succession. Mais il supprime arbitrairement ce que la représentation... ajoute à ces rapports constamment observés. L'*habitude* du retour de phénomènes dans un ordre déterminé n'a rien de commun avec la force qui les lie[1]. »

Hume, en effet, a écrit : « Tout ce que nos recherches les plus profondes nous découvrent sur ce point, ce sont des événements à la suite d'autres événements... Tous les événe-

1. Ch. Renouvier. *Premier essai*.

ments semblent être décousus et détachés les uns des autres ;
ils se suivent à la vérité, mais sans que nous remarquions la
moindre liaison entre eux ; nous les voyons, pour ainsi dire,
en conjonction, mais jamais en connexité... Mais dès que des
événements d'une certaine espèce ont été toujours et dans
tous les cas aperçus ensemble, nous ne faisons plus le
moindre scrupule de présager l'un à la vue de l'autre, et
nous donnons pleine carrière à ce raisonnement qui seul peut
nous certifier les choses de fait ou d'existence. Alors nom-
mant un de ces objets *cause*, et l'autre *effet*, nous les supposons dans un état de connexion ; nous donnons au premier un pouvoir par lequel le second est infailliblement produit ; une force qui opère avec la certitude la plus grande et
avec la nécessité la plus inévitable.

« On voit donc qu'un grand nombre de cas similaires,
dans lesquels les événements sont constamment en conjonction, fait ici ce qu'un seul de ces cas ne pourrait pas faire,
sous quelque jour ou dans quelque position qu'on l'envi-
sageait : c'est de nous donner l'idée d'une liaison nécessaire [1]. »

3. — Ce point nous paraît hors de conteste, du moment
qu'il ne s'agit que de l'*idée* de causalité, de pouvoir nécessaire. Mais il y a loin de l'*idée* de causalité à la causalité
même. D'un autre côté, Ch. Renouvier ne donne-t-il pas à sa
pensée une extension qu'elle ne comporte pas en affirmant
que « l'habitude du retour de phénomènes sous un ordre
déterminé n'a rien de commun avec la force qui les lie » ?
Nous le croyons ; la preuve, c'est que cette habitude nous

____

1. Hume. *Septième essai*, II⁰ partie.

suggère l'*idée* qu'un pouvoir pourrait bien unir les phénomènes. C'est déjà quelque chose. En voyant la régularité
des mouvements astronomiques, plusieurs philosophes ont eu
l'*idée* de la causalité et quelques-uns ont même émis des
hypothèses à ce sujet. Newton arrivant après Galilée,
Copernic et Kepler, a même énoncé la cause hypothétique de
cette régularité, dans sa théorie de la gravitation universelle.

4. — Dans le même ordre d'idées, nous ne pouvons souscrire à cette affirmation de Hume : « Si l'on suppose que
l'expérience nous ait actuellement fourni les notions de cause
et d'effet, je nierai encore que les conclusions que nous tirons
de cette expérience puissent être fondées sur le raisonnement
ou sur une opération intellectuelle [1]. » L'esprit intervient toujours, même à notre insu, dans l'expérience. D'ailleurs, le
philosophe anglais paraît se contredire en écrivant plus loin :
« On doit convenir que l'idée de pouvoir dérive de la réflexion ;
puisqu'elle naît en nous en méditant sur les opérations de
l'âme et sur l'empire que la volonté exerce, tant sur les
organes du corps que sur les facultés de l'esprit [2]. »

5. — Stuart Mill abonde dans le sens des idées de Hume.
Il distingue toutefois deux espèces de relations constantes de
succession, « des relations constantes de succession qui sont
conditionnelles, et des relations constantes de succession qui
sont inconditionnelles ; ce sont ces dernières seules qui constituent des rapports de causalité [3]. » Cette distinction est néces-

---

1. Hume. *Quatrième essai*, IIe partie.
2. Hume. *Septième essai*, Ire partie.
3. Stuart Mill. *La philosophie de Hamilton ; Théorie psychologique de la croyance à la matière.*

saire pour éviter des erreurs d'appréciation ; sans elle, par exemple, le jour serait la cause de la nuit.

Stuart Mill croit trouver en l'expérience interne, où nous reconnaissons un ordre fixe dans nos sensations, le second élément, la liaison nécessaire. Il n'ose pas toutefois étendre la loi de causalité au delà de la sphère de l'expérience.

6. — Taine estime que la causalité est un fait de succession donné également par l'observation : ... « Le pouvoir n'est que la liaison perpétuelle d'un fait qui est l'antécédent avec un autre fait qui est le conséquent [1]. » Et encore : « En général, étant donnés deux faits, l'un antécédent, l'autre conséquent, joints par une liaison constante, on nomme force dans l'antécédent la particularité qu'il a d'être toujours suivi par le conséquent, et l'on mesure cette force par la grandeur du conséquent. Les noms de pouvoir et de force ne désignent donc aucun être mystérieux, aucune essence occulte. Quand je dis que j'ai la force ou le pouvoir de remuer mon bras, je veux dire seulement que ma résolution de remuer mon bras est constamment suivie par le mouvement de mon bras [2]. »

Cette façon de résoudre la difficulté qui nous occupe par voie de définition est commode, sans doute, mais elle ne peut satisfaire l'esprit, car elle n'explique pas le mystère de la *liaison nécessaire*.

Retenons, en passant, que Taine ne donne à la force aucune existence réelle ; à différentes reprises, il s'est expliqué catégoriquement à cet égard.

7. — Il importe de remarquer qu'un événement examiné

1. Taine. *De l'Intelligence*, t. I.
2. *Ibid.*

hors série, c'est-à-dire détaché de la position qu'il occupe auprès des autres événements, est sans indication causale. En effet, si, par simple hypothèse, la *cause* est le résultat d'une qualité quelconque appartenant à ce terme isolé, comment expliquer qu'un autre événement, privé de cette qualité, puisse être également considéré comme cause ? D'ailleurs, il est impossible de connaître toutes les qualités d'un objet, car une telle connaissance impliquerait celle de l'univers entier.

A défaut de faits indicateurs dans un antécédent, pouvons-nous par le raisonnement pur en déduire l'effet ou le conséquent ? En aucune façon. D'où naîtrait cette possibilité d'établir un lien entre la cause et l'effet, à l'occasion de l'examen d'un événement détaché ? Un terme pris à part dans une série mathématique *non désignée*, ne peut nous faire connaître cette série ; donc, aucun raisonnement ne permet d'en induire le terme qui le précède ou le terme qui le suit. Et cependant la série mathématique est liée, en ce sens qu'on sait *a priori* que chaque terme procède du précédent ou des précédents. Dans le cas qui nous occupe, cette liaison est inconnue, et l'on ignore même s'il y a une liaison. La logique est donc impuissante à créer un lien à propos d'un terme pris à part.

Mais une série d'événements étant donnée en succession et suggérant d'abord l'*idée* de causalité, puis la *croyance* à la causalité, est-il possible de les relier entre eux ? Nous le pensons ; c'est ce que nous chercherons à établir plus loin, en nous basant sur le principe de continuité.

CHAPITRE III

1. — L'expérience interne ne nous montre également que des rapports de succession, sans le *pouvoir* ou la *nécessité*. La constance de ces rapports, comme dans l'expérience externe, a suggéré l'*idée* de causalité, idée qui a été renforcée par la considération des notions de résistance et d'effort.

M. Fonsegrive analyse certaines expériences internes dans lesquelles il pense voir se manifester la *causalité*, et le savant professeur conclut : « Ainsi se relie le nouveau à l'ancien par l'intermédiaire de l'effort ; les états passés attribués au moi sont posés comme contenant la cause ; le fait nouveau réalisé est l'effet ; la causalité ou rapport entre la cause et l'effet doit donc se trouver dans l'entre-deux. Or cet entre-deux n'est autre chose que l'effort où d'ailleurs nous sentons une détermination véritable. Il nous est impossible d'intervertir l'ordre des termes et de plus nous sentons la détermination du conséquent par l'antécédent [1]. »

Nous avouons ne pas comprendre cet *entre-deux* à propos de faits en succession qui ne laissent aucune place pour un *intermédiaire* quelconque. S'il en était autrement, on aurait pendant un certain temps, si court fût-il, une cause sans effet.

Pendant le sommeil, d'ailleurs, l'effort n'existe plus ; et cependant le nouveau se relie à l'ancien, d'une façon désor-

---

1. G.-L. Fonsegrive. *La causalité efficiente*, IV (F. Alcan).

donnée, nous l'accordons, mais enfin se relie ; et comme il n'y a pas d'effort, comment définir le fait nouveau réalisé qui n'est pas un effet ?

Si l'on contestait la suspension de l'effort dans le sommeil, nous rappellerions ces paroles de M. Th. Ribot : « Si le sommeil n'était pas la suspension de l'effort, sous l'une de ses formes les plus pénibles, il ne serait pas une réparation[1]. »

2. — L'attention volontaire, quand nous la pratiquons, peut nous donner l'*idée* de causalité, mais rien que l'idée ; et ce n'est encore là qu'un fait subjectif sans valeur objective aucune. Au surplus, toutes les théories psychologiques de la causalité ont ce défaut de ne pouvoir s'appliquer au monde extérieur. Delbœuf dit avec raison : « Mais il n'en est pas moins vrai que je ne puis assimiler les causes physiques à une volonté immanente agissant sur un corps matériel considéré comme distinct d'elle[2]. »

3. — En général, les théories psychologiques considèrent dans la conscience la *résistance*, l'*effort*, la *volonté*, la *force*. Il est d'autant plus aisé d'attribuer des rôles à ces différents concepts, que nous ignorons la nature et le fonctionnement du joint qui les unit. Ainsi, personne ne sait comment la volonté se rattache aux actes. « Nous sentons à chaque instant, dit Hume, que le mouvement de nos corps obéit aux ordres de la volonté ; mais malgré nos recherches les plus profondes, nous sommes condamnés à ignorer éternellement les moyens efficaces par lesquels cette opération si extraordinaire

---

1. Th. Ribot. *Psychologie de l'attention ; Les états morbides de l'attention,* III.

2. Delbœuf. *Essai de logique scientifique.*

s'effectue [1]. » M. Th. Ribot partage l'avis de Hume. Ecoutons ce savant psychologue : « Mais dans l'un et l'autre cas (mouvement et arrêt) la conscience ne connaît directement que deux choses : le départ et l'arrivée ; le « je veux » et l'acte produit ou empêché. Tous les états intermédiaires lui échappent et elle ne les connaît que de science acquise et indirectement [2]. » Observons que M. Th. Ribot n'engage pas l'avenir comme le fait Hume.

4. — Les théories psychologiques, après avoir objectivé la causalité, donnent à cette dernière l'universalité, au moyen de l'induction. Ce second procédé n'est pas plus légitime que le premier, car on a dit avec raison que l'induction peut bien généraliser des faits, substituer un lien logique à un lien réel faisant défaut, mais non substituer une idée universelle et nécessaire à des faits contingents.

Jusqu'ici, et c'est le point essentiel pour nous, l'existence réelle de la force ne s'est manifestée, ni directement, ni indirectement. Mais poursuivons notre étude.

5. — Delbœuf commet la même erreur que Hegel relativement à la liaison de la cause à l'effet, ainsi qu'à la nature de ces deux éléments. Ce qui est plus grave encore, il semble croire à l'existence de la force. Ecoutons-le : « Comme on le voit, nous nous rapprochons sensiblement de la proposition Hegelienne que la cause et l'effet ont le même contenu. Ceci ressortira encore davantage si nous soumettons à l'analyse le principe *il n'y a pas d'effet sans cause*, et si nous recherchons

---

1. Hume. *Septième essai.*
2. Th. Ribot. *Ouv. cit.*, II ; *L'attention volontaire.*

quelle différence il peut y avoir entre un effet et sa cause, entre une cause et ses effets.

« Or, que signifie le mot effet ? Il signifie une chose *qui est faite*, qui est produite, qui est engendrée. Le mot cause, à son tour, signifie *ce qui fait*, ce qui produit, ce qui engendre. De sorte que la proposition *il n'y a pas d'effet sans cause*, n'a d'autre sens que ceci : *il n'y a pas de chose faite, sans quelque chose qui fait ;* et la proposition *il n'y a pas de cause sans effet* a pour sens : *il n'y a pas de choses agissantes sans quelque chose de fait.*

« En d'autres termes, logiquement parlant, la cause ne peut se définir que par son effet, et l'effet par sa cause [1]. »

Comme on voit, cette dissertation logique n'éclaire pas le débat ; elle montre le danger qu'offrent les mots mal définis. Ajoutons que Delbœuf croit élucider les notions de *cause* et d'*effet*, en faisant intervenir un élément nouveau, la notion de temps ; c'est là une idée renouvelée de Kant.

6. — Delbœuf, avons-nous dit, semble croire à l'existence réelle de la force. Établissons ce point. Le philosophe liégeois a écrit : « Quand on se place dans le domaine exclusif de l'abstraction et qu'on se maintient rigoureusement sur le terrain de l'un ou l'autre principe formel de la logique, on peut, avec quelque apparence de raison, avancer que la cause passe tout entière en ses effets, et, par suite, que ceux-ci ont la puissance virtuelle de reproduire la cause. En ont-ils la puissance effective [2] ? » Delbœuf fait à ce propos une longue dissertation de mécanique, pour prouver qu'ils ne l'ont pas.

1. Delbœuf. *Essai de logique scientifique.*
2. Delbœuf. *Le sommeil et les rêves ; Le Mouvement perpétuel.*

A cette occasion, il cite le pendule et affirme qu'un pendule idéal oscillant sans frottement dans un milieu non résistant, doit finir par s'arrêter. Et pourquoi ? Parce que « cette chute n'est pas instantanée ; puisqu'elle prend du temps, si court soit-il, c'est qu'elle éprouve des retards, c'est qu'elle rencontre des résistances qui finissent par être vaincues ; et des résistances vaincues peuvent-elles se reformer d'elles-mêmes ? [1] » Pour qu'une affirmation aussi hardie soit admise, il conviendrait, semble-t-il, d'énumérer ces résistances à vaincre. A cet égard, Delbœuf se contente de dire : « Je n'en sais rien et ne veux rien en savoir pour le moment, car ce sujet m'entraînerait tellement loin que je pourrais ne pas revenir [2]. »

En résumé, l'opposition de Delbœuf au mouvement indéfini du pendule idéal et même au mouvement perpétuel en mécanique rationnelle, repose sur cette énonciation « que le temps n'est pas une pure abstraction, qu'il est quelque chose, et ce quelque chose se consomme sans retour [3]. »

7. — En parlant de la *transformabilité*, Delbœuf écrit : « Concluons : Il y a dans la nature quelque chose qui disparaît, et disparaît sans retour. Je veux bien que ce ne soit ni la matière ni la force ; mais c'est quelque chose, à première vue, de plus précieux que la force même, c'est la faculté pour elle de se transformer... Tout changement a pour effet de faire passer la force de l'état transformable à l'état intransformable ; il consomme donc de la transformabilité [4]. » Et plus loin : « Nous savons donc maintenant quelle est l'origine et

1. Delbœuf *Le sommeil et les rêves : Le Mouvement perpétuel.*
2. *Ibid.*
3. *Ibid.*
4. *Ibid.*

quelle est la fin de la force. Son point de départ est une rupture d'équilibre ; son point d'arrivée est un état d'équilibre [1]. »

Il n'est pas aisé de saisir le sens des mots *origine, point de départ, fin* et *point d'arrivée* ; comme on ne peut reprocher à Delbœuf, mathématicien et philosophe profond, d'énoncer des naïvetés, il importe de rechercher la pensée de l'auteur par voie d'interprétation. Voyons.

8. — Delbœuf parle d'une rupture d'équilibre et d'un état d'équilibre ; mais il ne dit pas *de quoi*. C'est évidemment de *forces*. Pour lui, la force existe en réalité ; elle se dissimule dans l'état d'équilibre et se manifeste dans la rupture d'équilibre. C'est là, pensons-nous, ce qu'il nomme le *principe de la fixation de la force*. Eh bien ! ce principe est une pure illusion. En effet, si l'on adopte la définition courante de la force, la rupture d'équilibre trahit l'*existence de la force* ; mais cette rupture d'équilibre n'est ni l'origine, ni le point de départ de la force, puisqu'elle suppose un état antérieur, l'état d'équilibre, lequel a été précédé lui-même de la *force*. Équilibre et rupture d'équilibre ne peuvent donc être ni le point d'origine de la force, ni son point d'arrivée ou sa fin. On se demandera, d'ailleurs, comment une force peut avoir une origine et une fin, sortir du néant, puis y rentrer.

Nous avons insisté assez longuement sur les opinions de Delbœuf relatives à la *causalité* et à la *force*, parce qu'elles montrent mieux que maints raisonnements à quels écarts de principes on peut être acculé en accordant à la force une existence réelle.

1. Delbœuf. *Le sommeil et les rêves. Le Mouvement perpétuel.*

9. — Nous ne pouvons admettre avec Hume et d'autres grands penseurs, que le lien de la causalité soit exclusivement dans notre pensée et non dans l'objet de la pensée ; que la caractéristique de ce lien soit la nécessité psychologique qui unit une chose à une autre. Le lien des choses entre elles, lien qui implique la *nécessité* et permet la *prévision*, ne peut être absolument logique. Dans l'hypothèse de Hume, il resterait toujours à expliquer l'uniformité des lois de la nature. En résumé, la régularité des mouvements astronomiques et le déterminisme qui semble peser sur le monde ne peuvent dépendre de notre état psychique.

10. — L'*idée* de la causalité a été suivie de la *croyance* à la causalité, par suite de la concordance de nombreux événements. Mais ce second fait est encore purement subjectif et ne peut s'étendre hors du sujet. De la *croyance* à la causalité, l'induction ne peut donc faire sortir le *principe* de causalité.

L'école empirique prétend que l'habitude du retour des mêmes événements augmente la probabilité du principe et rapproche ce dernier de la certitude. C'est une erreur. Le nombre d'expériences étant indéfini, la probabilité ne change pas ; mathématiquement, elle est même sans aucune valeur. Il y a cependant un effet subjectif qui se produit : le renforcement de notre *croyance* à la causalité, mais rien de plus.

11. — A propos de la valeur accordée à l'*habitude* du retour de phénomènes dans un certain ordre, on a objecté avec raison que l'enfant pratiquait la causalité, alors qu'il n'avait pu encore acquérir cette *habitude*. Pour réfuter cette objection, Herbert Spencer émet cette hypothèse que le principe de

causalité est acquis chez l'individu par l'influence ancestrale. Cette influence peut répondre jusqu'à un certain point à l'objection émise ; mais il n'est pas possible, en thèse générale, de faire dépendre de notre nature cérébrale, même influencée par les ancêtres, l'existence du principe de causalité. L'action lointaine et continue de la race peut bien nous faire acquérir des aptitudes, des qualités, mais non la connaissance d'un principe, parce qu'un principe n'a pas de degrés. D'ailleurs, l'hypothèse de Spencer ne fait que reculer la difficulté, car, en remontant dans le passé, il est toujours un point où l'on ne saurait expliquer cette acquisition.

CHAPITRE IV

1. — Pour les théories psychologiques, en général, la causalité dissimule une vertu génératrice que la simple succession, même répétée, est impuissante à dévoiler.

C'est, au contraire, dans la réflexion, dans la conscience des opérations effectuées, dans la volonté qui les produit, en un mot, dans l'affirmation du *moi*, que cette vertu créatrice peut s'affirmer. On connaît la théorie de Maine de Biran ; nous n'avons pas à la développer ici. Nous ne nous arrêterons pas davantage à celle de Manuel qui déduit la loi qui nous occupe de l'*action de la volonté sur le moi*. Wolf, lui, base la loi de causalité sur le principe de contradiction, ce qu'on peut admettre, au point de vue logique, en remarquant toutefois, que le principe de contradiction (ou le principe d'identité, ce qui est la même chose) est une conséquence de la *loi de continuité*.

2. — M. Fonsegrive adopte une doctrine spéciale qui nous paraît métaphysique. D'après ce savant, le principe de causalité est formé dès notre première expérience. Comment cela est-il possible ? « Par une sorte d'induction, sans doute, mais par une induction qu'on pourrait appeler immédiate. L'esprit, d'après Aristote, peut dégager l'universel qui est contenu dans un être ou dans une relation. C'est ainsi que l'acte de la pensée étant posé, la relation causale qui existe entre le moi et sa pensée étant constatée comme nous l'avons vu

plus haut, l'esprit voit dans cette relation, non un accident, mais la loi même d'existence de la pensée[1]. »

Malgré la haute autorité d'Aristote et l'admiration que nous inspirent les belles études de M. Fonsegrive, nous ne pouvons souscrire à cette généralisation d'une relation particulière.

Mais cette causalité est encore restreinte à la pensée. Comment passer de là à la causalité universelle ? M. Fonsegrive répond : « Toujours par le même procédé. La pensée formée est une chose nouvelle qui commence et ne paraît pas pouvoir exister sans un antécédent, à savoir l'acte par lequel elle est posée..., que maintenant ce qui commence d'exister soit la pensée même ou toute autre chose, peu importe, du moment que c'est une chose qui commence d'exister, elle rentre sous la loi commune à tous les commencements d'existence. C'est ainsi que l'appréhension directe de l'essentiel ou de l'universel, qui est l'acte propre de l'intelligence, dégage de la première relation causale immédiatement donnée la loi universelle de causalité[2]. »

Sans doute, tout ce qui commence d'exister rentre sous la loi commune, mais l'induction immédiate d'Aristote est impuissante à justifier cette loi.

Nous n'avons pas à suivre le savant français dans l'extension qu'il donne à la *pensée causante*. Il nous suffit de constater que l'existence réelle de la force n'est pas établie.

3. — **Kant**, qui avait une connaissance approfondie des mathématiques, a cherché à concilier l'empirisme et le rationalisme ; l'empirisme, dont il avait été fortement imprégné,

1. Fonsegrive. *Ouv. cit.*, III ; *Théories a priori*.
2. *Ibid.*

le rationalisme qui était la base même des sciences exactes. Et pour maintenir intactes ces dernières, fruits directs de la raison, et conserver une valeur à l'action des sens, il fit du principe de causalité un principe *a priori* de l'esprit. En agissant ainsi, Kant était plus logique que Locke et Hume qui laissaient subsister les mathématiques et admettaient, sans pouvoir l'expliquer, l'unité synthétique de la conscience, source de la nécessité et de l'universalité de la connaissance.

Le principe de causalité, placé dans les catégories ou les formes premières de la pensée, n'est donc plus dans les choses. Il enveloppe, d'ailleurs, il dépasse et domine l'expérience. Dans cette conception, notre faculté de connaître n'est pas une *table rase ;* elle est conditionnée, elle a un contenu : ce sont les catégories ou les formes premières de la pensée. Comme le remarque Delbœuf, le principe de causalité devient ainsi « un principe absolument subjectif, sans application dans les choses réelles mais uniquement dans les phénomènes, c'est-à-dire les choses telles que nous pouvons les concevoir[1] ». D'un autre côté, on doit reconnaître combien est hypothétique cette existence *a priori* du principe de causalité. Comment s'expliquer, en effet, qu'il soit possible de posséder *a priori* la notion de *quelque chose d'où sort une autre chose ?*

La discussion de la théorie kantienne ne rentre pas, heureusement, dans les limites de notre travail, car nos forces n'y suffiraient pas. Nous devons uniquement rechercher ce que devient la *force* dans la doctrine du philosophe de Kœnigsberg. Or, Kant a écrit : « Dans le concept de force se trouve celui de cause... La substance est regardée comme

____

1. Delbœuf. *Essai de logique scientifique.*

sujet, et la force comme cause... La causalité est la détermination de quelque autre chose qui est posée par elle suivant une règle générale. Le concept du rapport de la substance à l'existence des accidents, en tant qu'elle en contient la raison est celui de force... Toute la physique, tant celle des corps que celle des esprits (cette dernière s'appelle psychologie) revient à ramener autant que possible à des forces fondamentales les forces différentes que nous ne connaissons que par l'observation [1]. »

4. — Comme on voit, Kant identifie la cause à la force. Mais il y a plus encore. Dans les *Principes métaphysiques de la science de la nature*, ainsi que l'a justement remarqué M. A. Stadler, Kant ne parle pas du principe de la *conservation de l'énergie*, alors qu'il revient à plusieurs reprises sur l'invariabilité de la matière. Sans doute, son attention a été attirée sur la constance de la force dans ses écrits antérieurs, par exemple dans son *Essai sur la mesure des forces vives* et son *Traité des grandeurs négatives* ; mais il reste acquis que, dans son *système critique*, il n'en fait pas directement mention. C'est que vraisemblablement, le philosophe mathématicien concevait des doutes sur l'existence même de la force.

5. — De même que Kant, Ch. Renouvier voit dans la *causalité* une forme de l'entendement, un jugement synthétique *a priori*. Il écrit : « *Tout ce qui change en tant que changé est un effet ou encore tout changement* implique une cause qui est dite le produire [2]. » Et plus loin : « Le principe de causa-

1. Kant. *Métaphysique, Ontologie*, t. X.
2. Ch. Renouvier. *Premier essai*, § xxxvii.

lité est un jugement synthétique, par lequel les catégories de devenir et de force se présentent comme constamment liées, de même que le sont déjà les catégories de succession et de devenir : Tout changement implique une force ; tout changement implique une durée[1]. »

Quant à la force elle-même, Ch. Renouvier semble la définir à la manière d'Aristote. Il écrit : « Nous avons défini la force par le rapport de deux actes limitant une puissance, et la cause par ce même rapport au point de vue spécial de l'acte antécédent. Mais l'usage identifie la force à la cause en ce sens, et les considère tous deux indépendamment des actes subséquents[2]. »

Sans conteste, on ne peut voir là une preuve de l'existence réelle de la force. Si l'on concevait des doutes à ce sujet, voici un autre passage du philosophe français qui les lèverait certainement : « La partie patente et observable des phénomènes doit seule occuper le savant. Celui-ci aura établi une cause quand il aura défini le phénomène ou le groupe de phénomènes dont la présence est la condition nécessaire et suffisante de la présence du phénomène qualifié effet[3]. »

1. Ch. Renouvier. *Premier essai*, § XXXVII.
2. *Ibid.*
3. *Ibid. Logique*, t. II, p. 311.

CHAPITRE V

1. — De l'idée de causalité, il est résulté, à la longue, comme un besoin instinctif qui nous porte à vouloir que ce qui arrive dans le monde dépende toujours de quelqu'autre chose. Le fait isolé est sans enseignement ; il ne peut satisfaire notre besoin de connaître. Il est même pour l'esprit un sujet de trouble et parfois d'irritation. On peut croire que cette tendance de l'esprit n'a pas été étrangère à la formation de l'antique doctrine de l'hylozoïsme et peut-être des premières notions théocratiques.

On retrouve son influence dans les anciennes opinions cosmologiques des Grecs pour qui les *forces* diverses de la nature étaient des divinités vivantes. Pour Thalès, l'eau était la matière dont tout était fait ou sorti. Avec Anaximandre, le principe premier des choses est la matière indéterminée et infinie. Anaximène le trouve dans l'air. Pour Diogène d'Appolonie, c'est au sein de l'air qu'habite la raison qui gouverne toutes choses. Les Pythagoriciens estiment les corps essentiellement nombres finis. Héraclite déclare que le feu constitue la source de la vie et de toutes les transformations dans la nature. Pour Empédocle, toutes choses proviennent de quatre éléments : l'eau, la terre, l'air et le feu.

Aristote voit dans la nature une tendance vers la forme ; c'est ce qui explique le mouvement et, par conséquent, la vie dans le monde des corps. On sait, en effet, que, dans la philosophie antique, le mouvement ne s'entendait pas seulement du transport dans l'espace, mais encore de tous les genres de transformations. Partout, enfin, on retrouve ce *besoin* de rattacher les faits les uns aux autres.

2. — C'est vraisemblablement sous l'influence de ce besoin, que la philosophie antique a considéré les *contraires*, l'être et le non-être, l'esprit et la matière, le repos et le mouvement, le bien et le mal, etc. Ce procédé a perduré pendant le moyen âge.

Mais l'antiquité et le moyen âge n'ont pas su dégager le concept de cause. Pour en arriver là, il a fallu les grandes découvertes mathématiques du xviie siècle, dans l'ordre mécanique et dans l'ordre analytique ; il a fallu l'arrivée de Galilée, de Leibniz et de Descartes. La théorie des *forces* et la théorie des fonctions prennent alors naissance et sont bientôt appliquées aux grandeurs du monde extérieur. Malheureusement, l'anthropomorphisme, d'un côté, la physiologie cérébrale et la métaphysique, de l'autre, ont superposé leurs idées préconçues ou mal étudiées aux déductions des mathématiciens philosophes, obscurcissant pour longtemps les concepts de *cause* et de *force*. La théorie kantienne aura eu l'inappréciable mérite d'avoir débarrassé les sciences de beaucoup d'éléments parasites qui leur étaient étrangers.

3. — Nous avons vu que le principe de causalité ne peut sortir, ni de l'expérience externe, ni de l'expérience interne, car il est empreint d'un caractère de *nécessité* que la pratique ne peut expliquer. La même impuissance caractérise les théories psychologiques et métaphysiques. Le principe de

causalité n'est pas le produit de l'effort ou de la force ; de l'effort, que nous ne trouvons qu'en nous et à l'état de sentiment seulement ; de la *force*, que nous ne rencontrons nulle part. Quant aux théories métaphysiques, elles font appel à des postulats qui ne sont rien moins que certains.

Comment donc, peut-on passer de la *croyance* à la causalité au *principe même* de causalité ? Uniquement au moyen de la loi de continuité qui ne permet ni *saut* ni *arrêt* dans le développement des mouvements. Sans doute, la direction et l'intensité des mouvements premiers nous sont et nous seront toujours inconnues ; mais nous devons admettre l'existence de ces facteurs, sous peine de ne pouvoir rien expliquer. Le principe de causalité devient ainsi une conséquence directe de la loi de *continuité*, laquelle repose, nous l'avons vu, sur la *loi de l'ordre* que nous avons assise sur l'existence même de l'univers. Voilà pourquoi le principe de causalité agit dans le monde physique comme dans le monde moral.

4. — Son application au monde physique ne présente pas de difficulté. C'est en étudiant, par exemple, les conditions de la chute des graves, qu'on a établi les lois de la chute des corps, et plus tard, les lois de la gravitation universelle. Or, le jour où les graves ne tomberaient plus, certainement ces lois se trouveraient infirmées. Oui, mais ce jour-là, il n'y aurait plus ni physique ni mécanique, et l'univers se réduirait en poussière.

Pour le monde moral, la question est plus délicate et soulève une violente controverse. C'est qu'ici on se heurte à la question brûlante du libre arbitre. On entend souvent dire : avant l'action, le conséquent peut être *ceci* ou *cela* ; comment expliquer cette alternative avec le déterminisme ? La question nous paraît mal posée. Sans doute, le conséquent examiné *hors série*, peut être *ceci* ou *cela ;* mais dans sa série, ce qui est conforme à la nature, il ne peut y avoir de choix ou d'alternative. Et pourquoi ? Parce que le conséquent résulte de *mouvements antérieurs ;* et que des mouvements étant donnés, leur résultante est fatale, en intensité comme en direction.

5. — Le problème du libre arbitre semble insoluble ; d'un côté, l'homme a la *conviction* d'être libre dans le choix de ses déterminations ; d'un autre côté, le raisonnement prouve qu'il ne possède pas cette liberté. Sur le terrain des faits, il est aisé de reconnaître que toutes les actions de l'homme sont conditionnées ; et si elles sont conditionnées, elles ne peuvent obéir à une volonté arbitraire. Voilà peut-être pourquoi elles ont une si surprenante régularité. Parlant du libre arbitre, Bain a écrit : « Quelle que soit la solution que l'on donne à cette éternelle énigme, les statistiques n'en témoignent pas moins en faveur de la constance des actions humaines. Les actions des hommes ont une régularité qui ne peut être expliquée que par l'accord uniforme des mêmes causes [1]. »

6. — Les religions enfantées par la théocratie ont généralement varié sur cette grave question. Saint Augustin admet le libre arbitre avec la prescience divine. Ce puissant rhéteur écrit : « Mais de ce que l'ordre des causes est certain dans la puissance de Dieu, il ne s'ensuit pas que notre volonté perde

---

1. Bain. *Logique déductive et inductive*, t. II (F. Alcan).

son libre arbitre[1]. » Saint Augustin place tout simplement nos volontés dans l'*ordre des causes*. Il dit encore : « Il ne faut donc pas conclure que rien ne dépend de notre volonté parce que Dieu a prévu ce qui doit à l'avenir en dépendre[2]. »

Deux canons du Concile de Trente semblent résoudre la question en faveur du libre arbitre mitigé par la grâce[3].

Saint Thomas d'Aquin, trois siècles auparavant, avait déjà émis cette théorie[4].

Des chefs d'écoles opposées se rencontrent, soit pour nier, soit pour défendre le libre arbitre. Mahomet, Luther, Calvin s'inscrivent en faux contre le libre arbitre ; à leur suite, d'illustres philosophes tels que Pascal, Spinoza, Locke, Leibniz Laplace, Holbach et Büchner, pour ne citer que ceux-là. Kant admet le libre arbitre comme un postulat de la *raison pratique*, mais démontre que la raison pure est impuissante à établir son existence. Machiavel, Descartes, Fénelon, Stuart Mill, Jules Simon, entre autres, défendent le libre arbitre et, avec eux, presque tous les métaphysiciens[5].

A propos du libre arbitre, Ernest Haeckel fait cette observation profonde qui est à méditer et à retenir : « Ce qu'il y a de remarquable dans les débats si grandioses et si obscurs auxquels a donné lieu le problème du libre arbitre, c'est peut-

---

1. Saint Augustin. *La Cité de Dieu*, liv. V.

2. *Ibid.*

3. *De la justification*. D'après le canon II, par le libre arbitre, sans la grâce, l'homme ne peut vivre dans la justice et mériter la vie éternelle.
Canon V. — « Si quelqu'un dit que depuis le péché d'Adam, le libre arbitre de l'homme est perdu et éteint... qu'il soit anathème. »
Histoire du Concile de Trente, publiée par le P. Sforza Pallavicini. Montrouge, 1844.

4. *La Somme théologique*. t. II ; *Du libre arbitre*. Voir également, t. III,

5. Voir Descartes. *Œuvres complètes*, publiées par Victor Cousin t. VIII, lettre au P. Mersenne et t. IX, lettre au R. P. Jésuite Mesland.

être que, théoriquement, l'existence de ce libre arbitre a été
niée non seulement par les plus grands philosophes critiques,
mais encore par les partis les plus opposés, tandis qu'en fait,
pratiquement, elle est admise comme une chose toute naturelle, aujourd'hui encore, par la plupart des hommes[1]. »

7. — Les assauts portés au libre arbitre par la philosophie
positive ont servi et servent encore de thèmes à déclamations
esthétiques ou morales. Le sujet en est simple : sans le libre
arbitre, dit-on, il n'y a dans le monde, ni morale, ni responsabilité, ni bonté, ni beauté. « La beauté n'existerait plus dans
l'homme, si le libre arbitre cessait d'exister », écrit un savant
métaphysicien français, M. Fonsegrive[2]. Ne voulant pas plus
de la *force libre* que de la *force engagée dans un travail*,
nous présenterons quelques observations au sujet du libre
arbitre.

Tous ces éléments supérieurs, qu'on dit incompatibles
avec le déterminisme, représentent, chacun, une des formes
les plus hautes de la loi de l'*ordre*, de l'harmonie. La question se réduit donc à savoir si l'homme privé du libre arbitre
peut atteindre à cette harmonie. Nous penchons pour l'affirmative, parce que la loi de l'ordre que nous avons déjà
reconnue dans le monde physique, actionne également le
monde moral. Elle pousse invinciblement l'homme à rechercher la *concordance*, la *conformité*, l'*harmonie*. De même
que dans l'ordre physique, l'homme obéit aux lois de la statique, dans l'ordre moral il obéit à la loi de l'ordre, parce
qu'il répugne à la douleur.

1. Ernest Hæckel. *Les énigmes de l'Univers*, ch. vii. Libre arbitre.
2. Fonsegrive. *Essai sur le libre arbitre* (F. Alcan).

L'homme cherche donc naturellement à être *bien ordonné*, non seulement avec lui-même, mais encore avec le milieu social. C'est là la vie morale accessible à tous, grâce à la *statique sociale*.

On peut remarquer que pour obtenir le *motif déterminant*, l'homme doit apprécier, peser, dans son for intérieur. Mais les évaluations, dans l'ordre moral, comme dans l'ordre matériel, sont toujours approximatives et, partant, sujettes à erreur. C'est ce qui explique les hésitations, les retours, les changements subits dans les résolutions et les actions des hommes.

8. — Si l'homme est doué de dispositions heureuses dues, par exemple, à ses acquisitions ancestrales, à sa conformation cérébrale, à une instruction étendue ; si de plus, les exigences de la vie matérielle lui laissent assez de temps et de loisirs, il poursuit naturellement, aiguillonné par le besoin de tout connaître, la loi de l'ordre, de l'harmonie, dans quelques-uns de ses domaines. Il finit alors par découvrir et par comprendre, dans toute leur plénitude, ces facteurs élevés qu'on nomme le Beau et le Bon dans l'ordre moral, le Beau et le Vrai dans l'ordre physique.

\L'homme a donc un intérêt majeur à ménager ses forces corporelles et à acquérir l'instruction la plus large possible. Si ces conditions se réalisent un jour, il y aura certainement moins de vaine admiration dans le monde, mais plus de vérité, de simplicité, de large tolérance. La vie sera plus facile, donc, plus heureuse.

La vie facile et insouciante créée par l'abondance des productions spontanées de la terre et par des conditions cli-

matériques favorables a non seulement embelli le type physique de la race, mais elle a encore développé en cette dernière des dispositions artistiques remarquables, dispositions
qui sont une conséquence et comme un écho intérieur de
l'harmonie des formes. Les Pelasges de la Colchide et les
Grecs qui furent leurs descendants sont un exemple frappant
de cette dualité de la loi de l'Ordre.

9. — Il va sans dire qu'on ne doit pas confondre le déter-
minisne avec le fatalisme qui fait dépendre toutes nos actions
d'une volonté première ayant tout arrêté et décrété à
l'avance.

Quant aux invectives dont on abreuve les déterministes,
elles ne doivent pas arrêter ces travailleurs de la pensée.
Quand l'antiquité entière, Platon et Aristote eux-mêmes
déclaraient que certains hommes naissaient esclaves par
nature, ils froissaient à la fois la logique, la physiologie et la
psychologie ; cependant cette sanglante erreur imprégna la
société antique dans toute son étendue et dans toute sa profondeur.

LIVRE IV

LE MOUVEMENT

PREMIÈRE PARTIE

CHAPITRE PREMIER

1. — Le mouvement, notion première, est incompréhensible. Nous voyons des corps se mouvoir, mais le mouvement en lui-même échappe à l'entendement. Son origine et sa nature sont et seront toujours pour nous deux choses inexplicables. Dubois-Reymont classe le mouvement parmi les sept énigmes du monde[1].

2. — Le mouvement interne ou musculaire, toujours présent à la conscience, grâce à la résistance, est la donnée primordiale qui a servi à l'acquisition de toutes nos connaissances objectives.

Pour la philosophie positive, le mouvement commande le temps. Ainsi, on peut dire : point de mouvement, point de changement, point de succession, point de temps.

C'est à tort, pensons-nous, que Balmès avance que le

1. Revue philosophique, 1883.

temps n'a aucun rapport avec le mouvement, parce qu'il se manifesterait à nous dans la succession des opérations de notre âme, car ces opérations impliquent déjà le mouvement. D'ailleurs, Balmès contredit dans la seconde partie de son argumentation ce qu'il énonce dans la première. Écoutons-le : « Le temps n'a aucun rapport nécessaire avec le mouvement ; en dehors de tout mouvement, indépendamment même de l'existence des corps, le temps se manifesterait à nous dans la succession des opérations de notre âme ; mais cette succession lui est indispensable ; le temps ne se peut concevoir sans une succession. Que si rien ne change, que si rien ne se modifie, si l'être existant, affranchi de tout changement interne ou externe, seul, en présence d'une pensée toujours la même, d'une volonté toujours la même, ne comporte ni succession d'idées, ni succession d'actes d'aucune espèce, l'idée de temps ne se peut appliquer à cette conception[1]. »

3. — Dans l'ordre de nos acquisitions, la notion de mouvement et même la notion d'espace sont antérieures à celle de temps. Les animaux qui se rapprochent le plus de l'homme, n'ont qu'une connaissance infime du temps, car on ne peut donner ce nom au rappel périodique des besoins divers qui les travaillent. Au contraire, le mouvement et l'espace sont familiers, à des degrés différents, à une foule d'animaux.

4. — Le temps mécanique a une valeur toute relative. C'est un mouvement quelconque supposé uniforme et pris

1. Balmès. *Philosophie fondamentale*, liv. VII, chap. IV.

pour terme de comparaison. Le mouvement, lui, existe dans la nature et n'a pas une valeur arbitraire.

Nous ne pouvons admettre avec Balmès que si, dans l'univers, tous les mouvements venaient à doubler, dans l'ordre physique comme dans l'ordre psychologique, on ne pourrait s'apercevoir du changement[1]. Delbœuf objecte avec raison que, dans cette hypothèse, la force centrifuge serait quadruplée à l'équateur, et la différence entre la durée des oscillations du pendule au pôle et à l'équateur serait modifiée ostensiblement[2]. Nous ajouterons que les rapports dont les termes sont affectés d'une puissance supérieure à la première seraient changés d'une façon tangible. Nous citerons les mouvements d'inertie, les lois de la chute des corps et même les lois de la gravitation universelle.

1. Balmès. *Philosophie fondamentale*, t. III, liv. VII.
2. Delbœuf. *Essai de logique scientifique.*

CHAPITRE II

1. — Il est vraisemblable que les théologiens de l'antiquité et de la haute antiquité ont été les précurseurs des physiciens qui leur ont succédé ; mais ils n'ont transmis à ces derniers ni une doctrine ni même une hypothèse de quelque valeur. Leurs notions philosophiques et théologiques étaient trop simplistes pour pouvoir orienter des recherches sérieuses. On peut toutefois leur accorder d'avoir dirigé l'esprit des Grecs vers les questions cosmologiques.

2. — La philosophie ancienne imprégnée d'hylozoïsme, a noyé le concept de mouvement dans la définition suivante qui embrasse dans une généralité vague, toutes les actions du règne organique et du règne inorganique : *Le mouvement est le passage d'un état d'un corps à un autre état.* Elle a ainsi reconnu six espèces de mouvements, savoir : la création, la génération, la corruption, l'augmentation, la diminution et le transport local. Qu'entendaient les anciens philosophes par ces dénominations ? Bacon va nous l'apprendre : « Si un corps change seulement de lieu, sans éprouver d'autre changement, c'est un mouvement de transport ; si le lieu et l'espèce demeurant les mêmes, la qualité seule est changée, c'est une altération ; mais si, par l'effet du changement, la masse ou la quantité de matière ne demeurent pas les mêmes, alors c'est un mouvement d'augmentation ou de

diminution. Enfin, si la variation va jusqu'à changer l'espèce même et la substance du sujet, et qu'il en résulte une véritable transformation, c'est génération et corruption. Voilà ce qu'ils entendent par ces mots. Mais qu'est-ce que tout cela sinon des distinctions populaires et triviales qui sont loin de pénétrer dans la nature intime des choses? Ce ne sont tout au plus que des *mesures* ou des périodes, et non des espèces de mouvement[1]. »

3. — Dans un autre ouvrage, Bacon énumère les mouvements simples qui, par leur combinaison, ont produit les mouvements qu'il a si justement critiqués. Il écrit : « Le mouvement de cohésion, connu sous le nom d'horreur du vide, le mouvement de liberté qui empêche qu'un corps ne soit comprimé ou étendu au delà de ses limites naturelles; le mouvement tendant au changement de volume..., le mouvement de seconde cohésion, qui s'oppose à la solution de continuité; le mouvement d'*agrégation majeure*, par lequel les corps tendent vers la masse de leurs congénères, et qui prend ordinairement le nom de mouvement naturel; le mouvement d'*agrégation mineure*, vulgairement appelé sympathie et antipathie; le mouvement de dispositif, ou qui tend à donner aux parties le meilleur arrangement possible dans le tout; le mouvement d'assimilation, par lequel un corps tend à s'assimiler les autres corps et à multiplier sa propre nature; le mouvement d'excitation, par lequel l'agent le plus puissant excite le mouvement caché et assoupi dans un autre; le mouvement de cachet ou d'impression, c'est-à-dire toute opération qui a lieu sans communication de substance; le

1. Bacon. *Novum organum*, liv. I, chap. II.

BRASSEUR. — Force. 8

mouvement royal par lequel le mouvement prédominant réprime tous les autres mouvements ; le mouvement sans terme ou de rotation spontanée ; le mouvement de trépidation ou de systole et de diastole, d'un corps qui se trouve placé entre les avantages et les inconvénients. Enfin, l'inertie ou l'horreur du mouvement, qui sert aussi à expliquer une infinité de choses[1]. »

4. — Cette longue et fastidieuse énumération ne nous apprend rien de précis relativement au concept même de mouvement. Avec le temps et le progrès des idées, on éliminera de ces différents mouvements ce qui les différencie entre eux, ne conservant que ce qui leur est commun à tous ; on reconnaîtra alors que ce *résidu* n'est qu'un mouvement local. Sans doute, après ce travail, le problème du mouvement ne sera pas résolu, mais il sera circonscrit dans des limites étroites.

5. — D'une façon générale, on peut dire que les difficultés inhérentes à la définition du mouvement proviennent de ce fait que le mouvement est une *donnée* fournie par l'intuition. Or, une définition valable ne peut que compléter cet élément intuitif au moyen de certaines propriétés. Nous appelons définition valable, celle qui permet de mesurer le mouvement.

6. — Pour Aristote, le mouvement est « l'acte, la réalisation ou entéléchie de l'être qui était en puissance, avec les diverses nuances que cet être peut présenter[2]. » Cette défi-

---

1. Bacon. *De dignitate*, etc., liv. III, chap. IV.
2. Aristote. *Physique*. liv. III, chap. I.

nition donne une *cause* au mouvement, la *puissance virtuelle* ; et la réalisation de cette puissance constitue le mouvement. Dans cette définition, on voit la relation établie entre
l'*acte* et la *puissance* ; mais cette dernière nous restant
inconnue, le rapport en question ne fournit aucune indication
et n'est d'aucune utilité au point de vue dynamique. Cependant, la définition du péripatéticien ne mérite pas les qualifi-
catifs méprisants que Locke lui adresse[1].

Aristote et ses disciples divisent le mouvement en *naturel*
et en *violent*. Cette distinction nous paraît peu scientifique.
Bacon la qualifie de « triviale » et de « notion vulgaire, car
un mouvement, quelque violent qu'il puisse être, n'en est
pas moins naturel[2]. »

Il convient de ne pas oublier qu'Aristote et d'ailleurs
l'antiquité entière ont ignoré les premiers principes de la
dynamique. Un savant mathématicien français, M. Paul Tannery a écrit : « Le génie d'Archimède créa la théorie de la
composition des forces parallèles, des centres de gravité,
et celle de l'équilibre des corps flottants. Mais l'antiquité
n'alla pas plus loin ; non seulement les premiers principes de
la dynamique ne furent pas soupçonnés, mais la composition
statique des forces concourantes fut toujours ignorée[3]. »

7. — Les Épicuriens ont défini le mouvement : le passage
d'un corps d'un lieu dans un autre lieu. Locke remarque avec
raison que définir le mouvement comme étant un *passage*
d'un lieu dans un autre, c'est mettre un mot synonyme à la

1. Locke. *Ess. phil. conc. l'enten. hum.*, liv. III. chap. IV. Locke traite
cette définition d' « absurde » et de « fin galimatias ».

2. Bacon. *Nov. org.*

3. Paul Tannery. *La géométrie grecque*, chap. IV.

place d'un autre, car « qu'est-ce un passage sinon un mouvement[1]. »

Une critique analogue peut s'appliquer aux définitions que plusieurs philosophes donnent du mouvement, lequel est considéré comme le passage d'un corps d'un *espace* à un autre *espace*, définitions dans lesquelles le mot *lieu* est remplacé par le mot *espace*.

Pour les cartésiens, le mouvement est l'éloignement d'une partie de matière du voisinage des parties qui *lui étaient immédiatement contiguës*, dans le voisinage d'autres parties[2]. Cette définition fait intervenir, comme on voit, la contiguïté. Nous reviendrons sur cette définition.

Borelli et d'autres philosophes après lui font intervenir le temps et la succession dans l'espace. Ainsi, pour Borelli, le mouvement est le « *passage successif d'un lieu dans un autre, dans un certain temps déterminé, le corps étant successivement contigu à toutes les parties de l'espace intermédiaire*[3]. »

Nous rencontrerons plus loin les définitions de Newton et d'autres mathématiciens :

8. — Le mouvement n'est rien en dehors des corps qui sont mus. « Mouvement et chose qui se meut, dit Bain, ne sont que deux termes différents pour une conception identique[4]. » « On ne peut imaginer de mouvement, dit Pascal, sans quelque chose qui se meuve[5]. » Descartes n'est pas moins

1. Locke. *Ouv. cit.*, liv. III, chap. iv, § 9.
2. *Encyclopédie Diderot.*
3. Borelli. *De motu animalium; De vi percussionis.*
4. Bain. *Logique déductive et inductive.*
5. Pascal. *De l'esprit géométrique.*

précis : « Nous disons que le mouvement est le transport d'un mobile et non pas la force ou l'action qui transporte, afin de montrer que le mouvement est toujours dans le mobile et non pas en celui qui meut [1]. » Pour éviter tout malentendu, il serait peut-être plus simple de dire que *le mouvement est toujours le mouvement de quelque chose.*

9. — D'Alembert précise comme suit l'idée du mouvement : « Nous nous contenterons de remarquer que pour avoir une idée claire du mouvement, on ne peut se dispenser de distinguer au moins par l'esprit deux sortes d'étendue : l'une qui soit regardée comme impénétrable et qui constitue ce qu'on appelle proprement les corps ; l'autre, qui étant considérée simplement comme étendue, sans examiner si elle est pénétrable ou non, soit la mesure de la distance d'un corps à un autre, et dont les parties envisagées comme fixes et immobiles, puissent servir à juger du repos ou du mouvement des corps. Il nous sera donc permis de concevoir un espace indéfini, comme le lieu des corps, soit réel, soit supposé, et de regarder le mouvement comme le transport d'un mobile d'un lieu dans un autre... mais on peut comparer le rapport des parties du temps avec celui des parties de l'espace parcouru [2]. »

Cette définition soulève plusieurs questions que nous examinerons.

10. — « Un corps nous paraît se mouvoir, dit Laplace, lorsqu'il change de situation par rapport à un système de corps que nous jugeons en repos ; mais comme tous les corps, ceux

1. Descartes. *Les principes de la philosophie*, IIe partie.
2. D'Alembert. *Traité de dynamique*, MDCCLVIII.

mêmes qui nous semblent jouir du repos le plus absolu, peuvent être en mouvement, on imagine un espace sans bornes,
immobile et pénétrable à la matière : c'est aux parties de cet
espace réel ou idéal que nous rapportons par la pensée la position des corps, et nous les concevons en mouvement lorsqu'ils
répondent successivement à divers lieux de l'espace [1]. »

11. — Bien que le mouvement se présente à nous comme
un phénomène inconnaissable, il a pour caractéristique un
changement continu de position. C'est de cette manière que
l'homme en a pris conscience. Des trois séries d'impressions
tactiles et musculaires qui nous impressionnent, deux séries
donnent la sensation de changement de position et la troisième
fournit la sensation de continuité.

Le mouvement implique donc l'espace et le temps et peut
être représenté par des *séquences continues*. « Tout changement, dit Aristote, est le passage d'un état à un autre état,
et le mot grec lui-même atteste l'exactitude de cette idée,
puisque le premier élément de ce mot indique qu'une chose se
fait *après* une autre, et distingue ainsi quelque chose d'antérieur et quelque chose de postérieur dans le phénomène qui
a lieu [2]. » Auparavant, Aristote avait reconnu que le mouvement devait être rangé dans la classe des quantités continues.

Le mouvement ainsi défini par des séquences continues,
est *fonction* de l'espace et du temps. L'idée de *force* a été
surajoutée par l'anthropomorphisme.

12. — Il n'est pas possible, croyons-nous, d'être plus clair

1. Laplace. *Mécanique céleste.*
2. Aristote. *Physique*, t. I, chap. v.

et plus précis que Taine dans son exposition psychologique du mouvement. Écoutons-le : « De la série des sensations musculaires par lesquelles nous concevons le mouvement, nous retranchons, dit-il, tous les caractères qui peuvent la distinguer d'une autre série. Après cette grande suppression, elle n'est plus pour nous qu'une série abstraite d'états successifs, interposés entre un certain moment initial et un moment final. Chacun des états composants a été dépouillé de toute qualité et n'est plus défini que par sa position dans la série, comme plus proche ou plus lointain du mouvement initial ou du mouvement final. C'est cette série, plus ou moins courte, d'états successifs compris entre un moment initial et un moment final et définis seulement par leur ordre réciproque que nous nommons le mouvement [1]. »

L'illustre philosophe français parle d'un *point initial* et d'un *point final*, laissant entendre par là que le mouvement a un commencement et une fin, erreur dans laquelle est tombé Aristote ; nous pensons cependant que Taine a voulu simplement considérer le mouvement entre deux quelconques de ses points.

13. — Quand on dit que le mouvement d'un premier mobile est plus rapide que celui d'un second mobile, doit-on entendre par là que le premier mobile reste moins longtemps dans chaque lieu que le second ? Évidemment non ; car le mouvement ne peut être constitué d'une série continue de repos. D'un autre côté, affirmer que le *passage* du premier mobile d'un lieu à un autre lieu est plus rapide, c'est ne rien apprendre, mais simplement substituer le mot *passage* au mot *mouvement*.

1. Taine. *De l'Intelligence*, t. II.

Pour se rendre compte de mouvements de diverses grandeurs, il convient de faire appel au concept de temps et de substituer à la notion vague de *lieux occupés* ou *traversés*, la notion précise de *distance*. « Comme un corps, dit d'Alembert, ne peut occuper plusieurs lieux à la fois, il ne peut arriver d'un lieu à un autre dans le même instant : le mouvement ne peut donc se faire que durant un certain temps [1]. » Or, si le mouvement exige un certain temps pour se produire, rien ne s'oppose à ce qu'on admette des temps différents pour des mouvements différents. Ainsi, on avive l'intuition du mouvement en faisant appel à l'intuition du temps ; et l'on estime qu'un mouvement est plus rapide qu'un autre mouvement quand il s'exécute, toutes choses restant égales, dans un temps plus court. Si, maintenant, on considère une étendue en longueur, et si l'on fait mouvoir les deux mobiles le long de cette ligne idéale, on obtiendra la perception et la mesure des mouvements, par la comparaison des rapports d'espace et des rapports de temps.

Il va sans dire que les distances marquées et franchies le long de cette ligne idéale n'ont de réalité et de valeur que comme *rapports* ; autrement, le mouvement aurait des moments et serait discontinu.

14. — L'étude des lois du mouvement remonte à l'époque où Galilée produisit ses belles découvertes sur la chute des corps. C'est en partant de ces premières données, que les géomètres ont réduit la mécanique à des lois générales. Toutefois, l'anthropomorphisme a dénaturé plusieurs éléments

1. D'Alembert. *Ouv. cit.*

premiers de cette science. Heureusement, dans ces derniers temps, un savant géomètre français, M. Poincaré, a reconstitué les assises fondamentales de la mécanique et de la géométrie, en rendant aux notions premières de ces deux sciences un sens et une portée exacts.

CHAPITRE III

1. — On peut considérer le mouvement comme une cessation de repos, et le repos comme une cessation de mouvement. Mais cette vue est superficielle et vide d'enseignement. C'est qu'entre ces deux *états*, il existe une différence qualitative profonde.

Il n'est pas inutile de remarquer que si une *action* est nécessaire pour produire et maintenir le mouvement, une action est également nécessaire pour produire et maintenir le repos. On sera convaincu de cette vérité, en faisant abstraction des obstacles et des résistances.

2. — Il y a plusieurs différences fondamentales entre le mouvement et le repos :

1° Le mouvement a des degrés, le repos n'en a pas. Sans doute, Aristote distingue deux espèces de repos, mais c'est plutôt dans le *changement* que dans le mouvement local : « Les repos contraires l'un à l'autre, dit-il, sont les repos dans les contraires ; et, par exemple, le repos dans la santé est contraire au repos dans la maladie, de même qu'il est opposé au mouvement qui va de la santé à la maladie [1]. »

2° Les mouvements sont productifs entre eux de combinaisons diverses ; les repos ne le sont pas.

---

[1]. Aristote. *Physique*, liv. V, chap. VI.

3° Le mouvement peut servir à la formation de concepts variés ; le repos n'est pas capable de ces créations.

4° Le mouvement est le grand outil *engendreur* dans le Cosmos ; le repos y est vide de toute action et même de tout sens.

5° Le mouvement *réel* existe, puisque nous reconnaissons des mouvements *relatifs*. Des repos relatifs, on ne peut conclure à l'existence des repos réels. On a parfois indiqué le centre de la gravité de l'univers comme devant être en repos réel ; mais ce point et ce repos sont très discutables.

3. — Huygens a écrit : « Selon moi, le repos et le mouvement ne peuvent être considérés que relativement, et le même corps qu'on dit être en repos à l'égard de quelques-uns, peut être dit se mouvoir à l'égard d'autres corps, et même il n'y a pas plus de réalité de mouvement dans l'un que dans l'autre [1]. » Dans ce dernier membre de phrases l'éminent géomètre hollandais semble mettre en doute l'existence du *mouvement réel* laquelle est cependant une conséquence de l'existence reconnue des mouvements relatifs.

4. — Quand, en mécanique rationnelle, on établit une relation entre le mouvement et le repos, comme dans l'application du principe de d'Alembert aux équations du mouvement, cette relation est purement symbolique.

En général, les rapprochements qu'on ne cesse d'établir entre le mouvement et le repos n'ont servi qu'à propager des erreurs dans les notions premières de la mécanique. A force de considérer le repos comme le *contraire* du mouvement, et

---

1. *Œuvres complètes de Chr. Huygens*, publiées par la Société hollandaise des sciences, t. VI, p. 48.

le mouvement comme le *contraire* du repos, on a voulu reconnaître un lien tacite entre ces deux concepts et, fait plus grave encore, on a créé la *force* comme élément nécessaire pour passer de l'un de ces états à l'autre. Cette création nouvelle a été assez confuse à ses débuts; c'est ainsi que l'antiquité et le moyen âge, qui ignoraient le principe d'inertie, n'ont attribué à la force qu'une action très limitée. La métaphysique s'est emparée du nouvel élément et, renversant les termes du processus de sa formation, a fait de l'élément *engendré* l'élément *engendreur*. La force, dans ces conditions, est devenue une *entité primordiale*, et les idées relatives au mouvement se sont obscurcies.

5. — « Nous connaissons les lois du mouvement, dit M. Paul de Saint-Robert, mais nous en ignorons le principe. Cependant, au lieu de s'en tenir à l'idée du mouvement qui est parfaitement intelligible, on a voulu aller au delà, en créant un être de raison auquel serait dû le mouvement et qu'on nomme force. A une chose tombant sous nos sens, on a ainsi substitué une idée métaphysique qui ouvre la porte à toutes sortes de malentendus. Témoin la longue controverse au sujet de la mesure de la force qui passionna les savants de l'Europe entière jusque vers la moitié du siècle passé et que quelques-uns considèrent, même aujourd'hui, comme n'étant pas encore vidée[1]. »

C'est en partant de conceptions inexactes sur le *mouvement* et la *force*, qu'Eudore Pirmez a pu affirmer que le *mouvement pur* produit par la *force* était nécessairement limité; ce pen-

---

1. *Revue scientifique*, 1875.

seur finit par assimiler les *forces* de *gravitation* et d'*inertie* [1].
Cette dernière idée avait d'ailleurs été développée, soixante
ans auparavant, dans un ouvrage peu scientifique paru à
Bruxelles [2].

6. — On a un exemple du trouble apporté dans la science
par les conceptions erronées qui nous occupent, dans ce fait
que plusieurs philosophes n'ont pas craint d'introduire le
repos dans la génération du mouvement et d'en faire le support de ce dernier. C'est abuser à plaisir des hypothèses et
compliquer bien inutilement la question déjà si ardue du mouvement.

La nuisance que nous signalons a pénétré dans d'autres
domaines que celui de la mécanique. Ainsi, certains partisans de l'évolution considèrent l'*espèce* comme le résultat
d'un arrêt momentané dans le travail des forces évolutives ;
cette conception crée des difficultés inextricables dans l'explication des mouvements biologiques. Celle-ci devient simple
si l'on admet que le mouvement évolutif déjà très lent subit
encore parfois des ralentissements causés par des décomposi-
tions et des recompositions de systèmes de mouvements.
Pour Virchow, adversaire résolu de l'évolution, les variations
dans les formes organiques sont d'ordre pathologique ; donc
les mouvements qui créent ces variations ne produisent que
des éléments *malades*, l'espèce restant et devant rester
fixe.

1. Eudore Pirmez. *De l'unité des forces de gravitation et d'inertie*,
Bruxelles, 1881.
2. Delobel. *Nouvelle théorie de l'univers*, Bruxelles, De Mot, 1824.

CHAPITRE IV

1. — Peut-on concevoir des mouvements de grandeur différente dans un milieu non résistant ? Pourquoi pas ? Supposons deux points matériels égaux indépendants l'un de l'autre et animés de vitesses différentes, dans un milieu résistant. Admettons encore que cette résistance vienne à diminuer graduellement jusqu'à son complet évanouissement. Pendant la décroissance des résistances, les vitesses des deux éléments considérés ne cessent d'augmenter, mais pas d'égale quantité ; c'est l'élément animé de la plus grande vitesse qui gagnera le plus. Ainsi, la différence primitive des deux vitesses ira toujours grandissant et atteindra son apogée quand les résistances deviendront nulles, c'est-à-dire dans un milieu non résistant.

En donnant à une formule mathématique une extension abusive, d'aucuns affirment que la vitesse d'un mobile devient *infinie* dans un milieu non résistant. C'est là une erreur, ainsi que nous venons de le prouver, car deux vitesses inégales ne peuvent pas être infinies toutes les deux.

Le problème qui nous occupe est susceptible, d'ailleurs, d'une démonstration directe ; donnons-la. Dans l'exemple choisi, les *résistances* sont finies, car, autrement, les vitesses des deux éléments seraient nulles. Mais des *résistances finies*, même variables, ne peuvent équilibrer que des mouvements de grandeur finie. Donc, quand ces résistances finies viennent

à disparaître, c'est-à-dire arrivent à leur limite de décroissance, les vitesses atteignent leur maximum de grandeur
tout en restant finies. N'oublions pas que nous ignorons
l'origine du mouvement. Celui qui se manifeste à nous résulte
d'un mouvement antérieur, lequel a une source identique
dans un mouvement préexistant, et ainsi de suite, en remontant une série indéfinie jusqu'à un mouvement ayant une
puissance immanente qui perdurerait même en l'absence de
résistances.

2. — Voici une comparaison qui donne une forme concrète
à notre pensée. L'attraction A de deux masses m et m', dis-
tantes entre elles de Δ, s'exprime par la relation bien connue

$$A = \frac{K.\, m.\, m'}{\Delta^2}$$

Or, d'après les idées que nous combattons, l'attraction doit
devenir *infiniment grande* quand la distance Δ qui sépare les
deux masses m et m' descend à zéro. C'est même là l'interprétation algébrique abusive de la formule donnée ci-dessus.
Eh bien ! il n'en est rien ; quiconque a relevé un objet tombé
à terre, sait que l'attraction en question n'est pas infinie.

3. — D'où provient l'erreur d'appréciation commise dans
les deux cas analogues qui nous occupent, du *mouvement*
et de l'attraction ?

Elle provient, en partie, ainsi que nous l'avons dit, de l'extension abusive à des *quantités infinies*, de formules mathématiques établies pour des *quantités finies*. « Il n'y a rien
ici de contradictoire, dit Gauss à propos des idées de Lobats-

chewsky, si l'homme, être fini, ne s'aventure pas à vouloir traiter quelque chose d'infini comme un objet donné et susceptible d'être embrassé par ses forces de compréhension habituelle[1]. »

L'erreur provient encore de ce fait qu'on méconnaît l'existence *a priori* du mouvement, *que personne ne peut créer* et dont la valeur réelle et finie, bien que nous étant inconnue, n'en est pas moins certaine. Enfin l'erreur a encore sa source dans la notion vague de *force* dont on use et abuse à volonté. On va s'en convaincre.

4. — Dans le même ordre d'idées, nous ne pouvons souscrire à cette affirmation de M. Stallo : « Si nous réduisons la masse sur laquelle agit une force donnée, si petite qu'elle soit, à sa limite zéro — ou en termes mathématiques, à l'infiniment petit — la conséquence est que la vitesse du mouvement produit est infiniment grande, et que la chose (si dans ce cas nous pouvons parler d'une chose) est à un moment quelconque, non pas ici ni là, mais partout — qu'il n'y a pas de présence réelle[2]. »

Une chose qui devient zéro n'est plus une chose, c'est le néant, et le mouvement du néant ne se comprend pas. Pour tout esprit positif, si la masse devient zéro, la vitesse devient nulle; en d'autres termes, il n'y a plus de vitesse. Remarquons encore qu'une *chose* animée, comme on dit, d'une vitesse « *infinie* », serait partout sur la *trajectoire rectiligne* du mouvement; mais non partout dans l'espace à trois dimensions, la vitesse quelle qu'elle soit ne *pouvant changer*

---

1. Lettre de Gauss à Schumacher. *Revue philosophique*, 1902.
2. Stallo. *La matière et la physique moderne*, chap. x (F. Alcan).

la direction du mouvement. Avec l'emploi du mot *force*, on démontre déjà bien des choses insolites; mais si on y ajoute l'*infiniment petit*, il n'y a plus de limites aux exagérations scientifiques.

CHAPITRE V

1. — Au livre consacré à la *continuité*, nous avons reconnu que le mouvement était continu, c'est-à-dire qu'il n'était pas composé de moments.

Il y a plus encore. Non seulement le mouvement est continu entre deux points quelconques de sa trajectoire; mais il n'a ni commencement ni fin ; du moins nous ne pouvons concevoir ni qu'il commence ni qu'il finisse. Ce que nous prenons pour un commencement de mouvement, par exemple, quand nous lançons une pierre dans l'espace, n'est que la transformation de mouvements moléculaires antérieurs et leur communication à la pierre. Ce que nous prenons pour la cessation de mouvement, quand la pierre est retombée à terre, n'est que l'équilibre du mouvement du projectile par les obstacles et les résistances. Mais, sans obstacle et sans résistance, le mouvement de la pierre perdurerait et celle-ci deviendrait un satellite de la terre. Tout le monde sait, au surplus, que les obstacles, les résistances et les chocs ne détruisent pas la puissance mécanique, mais la *transforment*.

2. — On a voulu expliquer la continuité *interne* et *externe* du mouvement par le postulat de la *persistance* de la force, lequel s'appuyait sur le postulat de la *persistance* de la matière.

C'est là, pensons-nous, substituer une inconnue à une autre inconnue. On ne doit pas oublier, d'ailleurs, que la radioactivité semble déjà infirmer le principe de l'indestructibilité de la matière. « Quoique ce soit, dit M. Paul Tannery, un des résultats généraux de l'expérience que la matière pondérable est indestructible et persiste constamment dans ses diverses transformations, avec ses propriétés fondamentales, il n'est pas permis d'affirmer que sous certaines conditions extérieures elle ne se réalise pas en matière impondérable, qu'à son tour une certaine quantité de matière impondérable ne puisse composer de la matière pondérable; une pareille manière de voir est d'accord avec certains faits et partagée par plusieurs savants... Il peut donc se faire qu'au point de vue empirique, le principe de la conservation de la matière devienne complètement illusoire, si on prétend l'étendre au delà des faits dûment constatés [1]. » Ces profonds aperçus émis par le savant mathématicien français longtemps avant les découvertes sur la radioactivité et sur l'électricité, méritent d'être retenus, car ils sont de nature à modifier gravement bien des théories qu'on croit encore aujourd'hui inattaquables.

En résumé, la continuité *interne* et *externe* du mouvement peut être admise comme hypothèse justifiée par les faits de la physique et de l'astronomie, mais n'ayant aucune valeur absolue.

3. — Le mouvement rythmique qu'on observe dans la nature, ne va pas à l'encontre de la loi de continuité du mou-

---

1. Paul Tannery. Théorie de la matière d'après Kant. *Revue philosophique*, 1885.

vement. Le rythme est dû à ce fait que le mouvement est curviligne. Étant curviligne, il est localisé. Mais une *force* unique produirait, en vertu du principe invoqué de la persistance de la force, un mouvement rectiligne indéfini qui ne serait évidemment pas rythmique. Nous ne pouvons donc nous ranger à l'avis de Herbert Spencer quand il affirme que « le rythme est une conséquence forcée de la persistance de la force[1]. »

4. — Trompé par les apparences, Aristote n'a pas su dégager la qualité maitresse du mouvement. Il écrit en effet : « Ainsi, il y a un point où le mobile commence nécessairement son mouvement, et un point où il achèvera et finira de se mouvoir, car tout mobile est nécessairement en repos aux deux extrémités, et à celle d'où il part puisqu'il n'a pas encore le mouvement, et à celle où il arrive, puisqu'il ne l'a plus[2]. » Et plus loin : « Un des principes que je rappelle tout d'abord, c'est qu'il est impossible qu'une force finie puisse produire un mouvement d'une durée infinie... il semble toujours impossible que le corps continue à se mouvoir quand le premier moteur ne le meut plus[3]. »

5. — Delbœuf, dans sa théorie de la liberté, admet que les mouvements volontaires sont discontinus. Il définit la liberté « une faculté en puissance source de mouvements qui ne sont pas commandés par des mouvements immédiatement précédents et qui par conséquent ne peuvent se prévoir[4]. »

---

1. Herbert Spencer. *Les premiers principes. Rythme du mouvement* (F. Alcan).
2. Aristote. *Physique*, t. 1, liv. VIII, chap. xiv.
3. *Ibid.*, chap. xv.
4. Delbœuf. Le déterminisme et la liberté. *Revue philosophique*, 1882.

C'est donc par voie de définition, que Delbœuf admet la discontinuité des mouvements volontaires. Nous ne pensons pas
qu'on puisse résoudre la question du libre-arbitre au moyen
d'une simple définition.

Le physicien liégeois écrit encore : « Nous avons défini
l'être libre par la faculté qu'il aurait de retarder la transformation en force vive de la force de tension qui est en lui[1]. »
La faculté de *retarder* n'est pas suffisante ; il faut encore,
pensons-nous, y ajouter la faculté de *diriger*. D'ailleurs, il
nous paraît aussi difficile de *retarder* la force de tension
que de la *diriger*. D'un autre côté, des mouvements ou des
forces ayant la faculté de disposer du moment de leur entrée
en action constituent une conception qui rentre peut-être dans
les idées du philosophe liégeois sur la nature des éléments
premiers de l'univers, mais qui n'en heurte pas moins les
principes de la physique et de la mécanique. Quel serait donc
le ressort mystérieux capable de produire cet arrêt? A cette
question, Delbœuf répond qu'il ne croit pas « que d'ici à
longtemps on puisse songer à la résoudre, même expérimentalement[2]. »

On peut observer, en passant, que la plupart des démonstrations qui prétendent concilier le déterminisme avec la
liberté usent et abusent de l'emploi du mot « force »

6. — Kant, dans sa troisième antinomie, nous paraît plus
logique que Delbœuf. Il écrit : « Thèse. La causalité, d'après les
lois de la nature, n'est pas la seule dont nous puissions dériver tous les phénomènes du monde ; il est encore nécessaire

1. Delbœuf. Le déterminisme et la liberté. *Revue philosophique*, 1882.
2. *Ibid.*

d'admettre une autre causalité par liberté pour l'explication de ces phénomènes...

« Il faut donc admettre une causalité par laquelle quelque chose arrive, sans une autre cause précédente qui la détermine suivant des lois *nécessaires*, c'est-à-dire une *spontanéité absolue* de causes, qui constitue une série de phénomènes, et se déroule *d'elle-même* suivant des lois physiques, par conséquent une liberté transcendentale, sans laquelle, dans le cours même de la nature, la série successive des phénomènes n'est jamais complète du côté des causes [1].. »

Pour Kant, cette hypothèse est naturelle, puisqu'il fait de la causalité un jugement synthétique *a priori*.

1. Kant. *OEuvres complètes*, 3ᵉ antinomie.

CHAPITRE VI

1. — M. Paul Janet dit que le mouvement n'est « qu'un phénomène dépendant et subordonné, qui suppose déjà une essence déterminée [1]. » C'est là une conception métaphysique que nous n'avons pas à rencontrer. Au point de vue physique, le seul que nous ayons à connaître, le mouvement implique certainement l'existence d'un substratum ; mais sa dépendance et sa subordination ne sont nullement démontrées. La plupart des grands penseurs que n'obsédaient pas des suggestions théologiques ont même accordé au mouvement une action prépondérante, voire même exclusive, dans les phénomènes de la nature. « Les anciens, écrit Newton, firent beaucoup de cas de la mécanique dans l'interprétation de la nature, et les modernes ont enfin, depuis quelque temps, rejeté les formes substantielles et les qualités occultes, pour ramener les phénomènes naturels à des lois mathématiques. On s'est proposé dans ce traité de contribuer à cet objet, en cultivant les mathématiques en ce qu'elles ont de rapport avec la philosophie naturelle [2] ».

2. — Descartes affirme « que toute la diversité des formes qui se rencontrent dans la nature dépend du mouvement local [3]. » Pour Leibniz, « tout se fait mécaniquement dans la

1. Paul Janet. *OEuvres philosophiques de Leibniz*, Introduction.
2. Newton. *Principes mathématiques de philosophie naturelle*, Préface à la 1re édition, 1686.
3. *OEuvres de Descartes*, par Victor Cousin, t. III, IIe partie.

nature, principe qu'on peut rendre certain par la seule raison et jamais par les expériences quelque nombre qu'on en fasse[1]. » Musschenbroek est aussi affirmatif que Leibniz : « Aucun changement ne se produit dans les corps qui ne soit dû au mouvement[2]. » Huygens dit que « dans la vraie philosophie, les causes de tous les effets naturels sont et doivent être conçues mécaniquement, sous peine de renoncer à rien comprendre en physique[3]. » Hobbes écrit : « Tous les accidents ou outes les qualités que nos sens nous montrent comme existants dans ce monde, n'y sont point réellement, mais ne doivent être regardés que comme des apparences ; il n'y a réellement, dans le monde, hors de nous, que les mouvements par lesquels ces apparences sont produites[4]. » Nous faisons des réserves sur la première partie de cette énonciation. Condillac affirme que « dans la matière tout se fait par le mouvement[5]. »

3. — Pour Wüllner, il n'y a qu'une seule activité dans la nature, le mouvement, et les phénomènes les plus variés ne sont que ses manifestations multiples[6]. »

Kirchoff écrit en 1865 : « Le but suprême auquel les sciences naturelles sont contraintes de viser, mais qu'elles n'atteindront jamais, c'est la détermination des forces présentes dans la nature, et de l'état de la matière à un moment déterminé —

1. Leibniz. *Nouveaux essais.*

2. Musschenbroek. *Introductio ad philosophiam naturalem.* chap. I. § XVIII.

3. Chr. Huygens. *Opera reliqua.* Amsterdam. 1728, vol. I.

4. Hobbes. *OEuvres philosophiques et politiques.* t. II : *De la nature humaine,* chap. II.

5. Condillac. *Traité des systèmes,* chap. VII.

6. Wüllner. *Transformation et conservation de la force.*

en un mot, la réduction de tous les phénomènes de la nature à la mécanique [1]. » Clerk Maxwell dit, à son tour : « Quand un phénomène physique peut être complètement décrit comme un changement dans la configuration et le mouvement d'un système matériel, on dit que l'explication dynamique de ce phénomène est complète. Nous ne pouvons pas concevoir qu'une explication ultérieure soit nécessaire ou possible, car dès que nous savons ce que signifient les mots *configuration*, *masse* et *force*, nous voyons que les idées qu'ils représentent sont si élémentaires qu'elles ne peuvent pas être expliquées par autre chose [2]. » L'auteur exagère, sans doute, en affirmant que les idées de *masse* et de *force* sont si *élémentaires*. Pour Max Nordau, « toutes les qualités des objets que nous percevons avec nos sens, sont des mouvements [3]. »

4. — Jean Müller s'est efforcé d'expliquer mécaniquement les phénomènes vitaux. Son illustre élève, Théodore Schwann, a poursuivi le même but dans ses « *Recherches microscopiques sur l'identité de structure et de développement chez les animaux et les plantes*. Écoutons Claude Bernard : « Dans l'ordre mécanique ou physique, les phénomènes de l'organisme vivant n'ont rien non plus qui les distingue des phénomènes mécaniques ou physiques généraux, si ce n'est les instruments qui les manifestent…Il n'y a donc en réalité qu'une physique, qu'une chimie et qu'une mécanique générales dans lesquelles rentrent toutes les manifestations de la nature, aussi bien celles des corps vivants que celles des corps bruts. Tous les

1. Voir Stallo. *Ouv. cit..* Introduction.
2. *Ibid.*
3. Max Nordau. *Paradoxes psychologiques*, chap. vii (F. Alcan).

phénomènes, en un mot, qui apparaissent dans un être vivant retrouvent leurs lois en dehors de lui, de sorte qu'on pourrait dire que toutes les manifestations de la vie se composent de phénomènes empruntés, quant à leur nature, au monde cosmique extérieur, mais possédant seulement une morphologie spéciale, en ce sens qu'ils sont manifestés sous des formes caractéristiques et à l'aide d'instruments physiologiques spéciaux [1]. »

5. — Voici l'avis de Van t'Hoff : « On ne peut méconnaître la tendance de notre époque qui s'efforce de développer de plus en plus la conception thermodynamique au détriment de la conception moléculaire, ce que justifie d'ailleurs le caractère hypothétique de cette dernière [2]. » Terminons ces citations que nous devons nécessairement abréger, en mentionnant l'opinion de Berthelot : « La matière multiforme, dit-il, dont la chimie étudie la diversité obéit aux lois d'une mécanique commune, et qui est la même pour les particules invisibles des cristaux et des cellules que pour les organes sensibles des machines proprement dites. Au point de vue mécanique, deux données fondamentales caractérisent cette diversité en apparence indéfinie des substances chimiques, savoir : la masse des particules élémentaires, c'est-à-dire leur équivalent, et la nature de leurs mouvements. La connaissance de ces deux données doit suffire pour tout expliquer [3]. »

1. Claude Bernard. *La science expérimentale.*
2. Van t'Hoff. *Leçons de chimie physique.*
3. Berthelot. *Science et Philosophie ; Chimie et théorie de la chaleur.*

CHAPITRE VII

1. — A côté des mouvements de masse qui nous sont connus, il faut encore considérer les mouvements atomiques qui vraisemblablement sont multiples et variés. L'énergie de ces mouvements, pour n'être pas généralement tangible, paraît être d'une intensité colossale. C'est ainsi que l'étude des corps radioactifs fait supposer que l'élément premier de la matière est constitué de mouvements comprimés à un degré inimaginable. Cet élément posséderait, en conséquence, une énergie formidable, presque indéfinie. Dans cette hypothèse, ce n'est pas dans la masse qu'il faudrait chercher la puissance, mais bien dans le plus petit de ses éléments constitutifs.

Si l'induction hardie de M. G. Lebon se trouvait confirmée, et si tous les corps étaient radioactifs, peut-être trouverait-on dans cette radioactivité universelle la raison même de la gravitation. Au surplus, il y aurait un milieu actif mettant en communication les êtres de l'univers, milieu à la formation duquel tous les corps de l'espace ne cesseraient de participer.

2. — Cette théorie qui attribue une grande puissance à une masse infime, trouve une application surprenante dans l'ordre organique. C'est ainsi qu'au point de vue intellectuel, la fourmi peut être classée immédiatement après l'homme dans l'échelle animale. « Quand on considère, dit sir J. Lubbock, les habitudes des fourmis, leur organisation sociale, leurs grandes communautés, leurs habitations faites avec art, leurs

voies de communication, le fait qu'elles possèdent des animaux domestiques et même quelquefois des esclaves, on doit admettre qu'elles ont vraiment le droit d'être placées immédiatement après l'homme sous le rapport de l'intelligence[1]. »

3. — Nous avons déjà dit que, dans les êtres de la nature, le *tout* ne diffère de son élément premier que quantitativement et pas qualitativement. Il n'y a d'activité dans l'ensemble que les activités des parties. Les mouvements des éléments premiers méritent donc une attention spéciale. Si ces idées sont admises, la vie serait universelle et ne différerait que par des degrés dans les corps animés et les corps inanimés. Cette hypothèse trouve une grande justification dans les rapprochements nombreux qu'on a faits entre le corps inorganique et la matière vivante. Les phénomènes de radioactivité lui donnent une nouvelle confirmation. Cette hypothèse n'est d'ailleurs qu'un corollaire du principe de *continuité* du mouvement, comme la loi d'évolution elle-même.

A ce propos, remarquons que l'évolution est très lente dans les corps inorganiques et très rapide dans les corps vivants. Comme tout vient du milieu et que tout y retourne, il s'ensuit que les corps vivants, grâce à leurs appareils spéciaux, usent du milieu dans une proportion bien plus grande que les corps bruts.

4. — Les faits de radioactivité démontrent l'existence de l'énergie atomique et l'importance des mouvements élémentaires ; voici un fait pris entre mille : il a été démontré que

1. Sir J. Lubbock. Les habitudes des fourmis. *Revue scientifique*, 1877.

la partie déviable du rayonnement du radium transforme le phosphore blanc en phosphore rouge [1]. »

L'état *colloïdal* témoigne en faveur de l'importance du mouvement atomique. La loi des pressions osmatiques de Van t'Hoff en est également une preuve [2].

Si l'on scrute la matière organique, on voit que la plupart de ses éléments présentent différents états allotropiques. Le carbone en a trois, sans compter le carbone provenant de la décomposition de l'acide carbonique par la chrorophyle, sous l'action solaire. L'oxygène se transforme en ozone sous certaines influences. Le phosphore blanc chauffé sous pression et à l'abri de l'air, passe au phosphore rouge. Le soufre et le silicium possèdent également des états allotropiques. Les composés binaires présentent à un haut degré la faculté de modifications isomériques. La silice est isomérique. Les composés du fer qu'on retrouve dans les corps vivants sont isomériques. Les hydrogènes carbonés le sont en général également. Dans les composés tertiaires et quaternaires, on rencontre fréquemment le phénomène de l'isomérie. Or, on explique communément les modifications qui nous occupent par des changements dans les groupements des atomes. Ne serait-il

1. *Comptes rendus hebdomadaires des séances de l'Académie des sciences de France*, t. CXXXIV.

2. Voici comment Van t'Hoff a formulé sa loi :

Si une solution infiniment diluée est séparée par osmose du dissolvant pur, et si ce dissolvant est en même quantité de chaque côté de la paroi semi-perméable, le système satisfait aux conditions suivantes :

1° La différence entre les volumes occupés par la solution et par le dissolvant pur échappe à toute mesure et peut être considérée comme nulle;

2° La pression osmatique, c'est-à-dire l'excès de pression exercée par la solution sur la pression exercée par le dissolvant pur, est égale à la pression qui serait exercée par le corps dissous s'il était seul à occuper, à l'état de gaz parfait, le volume de la solution.

Comptes rendus hebdomadaires des séances de l'Académie des sciences de France, 1904, n° 139.

pas préférable de les attribuer à des variations dans les *sys-tèmes* de mouvements atomiques? Nous le pensons. Un simple changement de vitesse, pour des masses tangibles en rotation a déjà des effets considérables. Voici un exemple : Soit un axe horizontal reposant par son milieu sur un point fixe autour duquel il peut osciller verticalement; si un tore, équilibré à une extrémité de l'axe, est mis à l'autre extrémité en rotation rapide autour du même axe, il est une vitesse de rotation qui rompt l'équilibre et paraît, en conséquence, diminuer l'action de la pesanteur sur lui; l'induction porte à admettre qu'il est une vitesse qui l'annihile complètement.

C'est également par des changements dans les *systèmes* de mouvements atomiques, qu'on peut expliquer la transmission de l'énergie, sans qu'il soit besoin d'admettre cette antinomie d'atomes indivisibles et élastiques.

5. — Il n'est pas encore possible de définir *a priori* la nature des *systèmes* de mouvements qui peuvent ou ne peuvent pas se combiner. Cependant, parmi les différents *systèmes* de mouvements atomiques, on peut admettre que certains d'entre eux se combinent plus ou moins aisément, alors que d'autres, au contraire, sont réfractaires à toute combinaison. Avec ce postulat, *l'affinité* cesserait d'être un mystère, et les phénomènes chimiques seraient explicables par les seuls principes de la mécanique.

DEUXIÈME PARTIE

CHAPITRE PREMIER

1. — Plusieurs philosophes ont affirmé que le mouvement était contraire au *principe de contradiction*. Ce point mérite un rapide examen.

« Le devenir, dans l'espace, écrit Ch. Renouvier, est le mouvement. Être et n'être pas dans un lieu, c'est la synthèse propre à ce devenir. Le mobile, en tant qu'il se meut, se rapporte et ne se rapporte pas de position à un point déterminé quelconque [1]. » On connaît les arguments de Zénon d'Elée contre le mouvement, ou plutôt contre la thèse insoutenable des Pythagoriciens. Un autre philosophe, Sextus Empiricus, a écrit : « Si quelque chose devient, c'est quelque chose qui est ou qui n'est pas ; s'il est, il est et ne devient pas ; s'il n'est pas, il ne peut être affecté, donc il ne peut devenir : donc rien ne se fait [2]. »

2. — Herbart dénie au mouvement toute réalité ou, plutôt, veut prouver qu'il est incompatible avec le principe de contradiction. Pour ce philosophe, le mouvement n'est pas un *prédicat* du *mobile*. Voyons son argumentation : « Soient deux

---

[1]. Ch. Renouvier. *Premier essai*, § XII.

[2]. Sextus Empiricus. *De hypotyp.*, liv. II. Voir également liv. III, *De naturali mutatione*, chap. XIII et *De Motu*, chap. VII.

mobiles A et B complètement indépendants l'un de l'autre, et supposons que le passage de B en A soit produit par le mouvement de B vers A, A restant immobile. Ce mouvement de B, étant indépendant de A, restera le même que A soit ou ne soit pas. B arrivera donc où A se trouve. Mais arrivé là, y restera-t-il? La mécanique répond qu'il continuera son chemin dans la même direction et avec la même vitesse. Sans vouloir le moins du monde nier la justesse de cette réponse, on peut cependant démontrer qu'elle n'est pas aussi évidente qu'on veut bien le dire [1]. » Herbart touche ici au principe de l'inertie dont il sera question plus loin au chapitre II. Contentons-nous de dire dès à présent que les mathématiciens admettent comme hypothèse le principe d'inertie, sans lui reconnaître l'évidence dont parle le philosophe allemand. Mais reprenons son argumentation : « Le mouvement de B a-t-il une cause ? La plupart répondront oui. Cependant cette cause agissait sur B en tant qu'il était dans sa position première. Sitôt qu'il quitte cette position, pourquoi continue-t-elle à agir avec la même intensité ? Quand un fil est tendu par un poids, le fil cède et pendant quelque temps il continue à céder ; mais après, la tension s'oppose à une extension nouvelle. L'impulsion qui dirige B sur A, ce besoin de B d'aller en A devrait donc diminuer à mesure qu'il s'approche de A, de manière à n'atteindre A qu'après un temps infiniment long. Comme ce n'est pas là le cas, il faut bien reconnaître que *le mouvement n'a pas besoin de cause et qu'il est aussi naturel aux objets que le repos* [2]. »

On voit que Herbart prend ici le mot *cause* dans le sens de

1. Herbart. Voir Delbœuf : *Essai de logique scientifique.*
2. Herbart. *Ouv. cit.*

ce qui engendre, et non simplement dans le sens d'*antécédent*. Mais on ne *crée* pas le mouvement : il *est* et il n'a ni commencement ni fin. Quant à sa *cause* première, elle nous sera toujours inconnue. B va en A, non en vertu d'un *besoin* qui le pousse vers A, besoin qui devrait diminuer à mesure qu'il s'approche de A, mais uniquement en vertu du *mouvement immanent* qu'il possède. La preuve qu'il en est bien ainsi, c'est qu'on peut éloigner constamment A ou même le supprimer, sans que le mouvement de B en soit affecté. Quant à la cessation de l'extension du fil tendu par un poids, elle s'explique par ce fait qu'il est un instant où la tension du fil fait équilibre au poids. Ce n'est pas le cas du mouvement de B, dans la supposition autorisée que A a disparu ; car, alors, qui *pourrait arrêter le mouvement de B, c'est-à-dire son besoin de se diriger ?*

3. — Herbart dit encore : « La proposition qu'un corps une fois mis en mouvement, continue à se mouvoir dans la même direction et avec la même vitesse, repose sur la supposition qu'il n'y a pas de changement dans le mobile, et qu'il se trouve toujours dans les mêmes conditions à quelque point qu'il soit de sa trajectoire. On regarde donc le mouvement comme un état propre au mobile, comme une modification qu'on imprime au corps du moment où on le met en mouvement. Mais si c'était véritablement un état du mobile, il y aurait en même temps tendance de la part de ce même mobile. Mais cette tendance devrait diminuer à mesure qu'elle se satisfait, le mouvement devrait en conséquence se ralentir. Cela n'étant pas, cette tendance ne manifestant jamais la moindre trace de satisfaction, de satiété, il faut bien que le

mouvement soit une pure relation étendue, et non quelque chose d'ajouté au corps et qui lui manquerait quand il est en repos. *Le mouvement n'est donc pas un predicat du mobile*[1]. »

Nous ne pouvons accepter cette conclusion. Dire que l'on met un mobile en mouvement, c'est s'exprimer d'une façon incorrecte. La vérité est qu'on lui communique un mouvement *antérieur incréé*, un mouvement qui *est*. Le mobile, lui, n'a changé ni physiquement, ni chimiquement : il a subi une modification extrinsèque sui generis, *l'acquisition* du mouvement, et se trouve tout simplement dans la position d'un corps animé d'un mouvement incréé. Dans l'espèce, on ne peut donc parler ni de *tendance*, ni de *satisfaction*, ni de *satiété*. De même un corps peint en rouge, reste rouge, tout simplement, mais n'a pas de *tendance* à rester rouge.

Au surplus, en adoptant l'ordre d'idées de Herbart, on pourrait dire avec tout autant de raison que la *modification due au mouvement* est caractérisée par sa *permanence*, sa *non-satisfaction*, sa *non-satiété*.

4. — Dans la conception de l'éminent logicien allemand, le mobile B est en repos, il ne se meut pas. C'est l'espace qui contient A qui change en emportant A et se dirige vers B, lequel reste dans son espace immobile. Cela, c'est la réciprocité du mouvement qui est admise au point de vue cinématique, mais pas au point de vue dynamique. Que si le mouvement de B n'est qu'une apparence, tous les mouvements existants ne peuvent cependant pas n'être que des appa-

1. Herbart. Nous prenons la traduction de Delbœuf. Voir *Essai de logique scientifique*.

rences. Il y a donc des mouvements réels, et Herbart ne nous dit pas *ce qu'ils sont*.

Il reste entendu que Herbart ne veut pas nier le mouvement ; il veut simplement « purifier l'être réel de toute contradiction en lui déniant la mobilité [1]. » Mais cette contradiction « reparaît quand il s'agit d'expliquer la différence des rapports de lieu [2]. »

5. — Un autre philosophe allemand, M. Ulrici, cherche, lui, à purifier le mouvement de toute contradiction ; il émet, à cette occasion, les observations très justes qui suivent : « Nous ne pouvons pas dire ce qu'est l'activité *purement comme telle* ; nous ne pouvons donner aucune définition de ce terme. Car, quoiqu'activité soit un passage d'action en acte, on n'a pourtant pas donné par là une définition de l'activité en général, puisque ce passage est déjà activité, et qu'action n'est qu'un autre mot pour activité... On peut bien dire : l'activité purement comme telle est mouvement de soi-même. Mais ce n'est encore là qu'un mot au lieu d'un autre. Mouvement c'est activité, ou repose sur l'activité ; car on ne le pense que comme mouvement de ce qui se meut de soi-même, ou de ce qui est mû par autre chose. Et ce qui se meut de soi-même est tel par sa propre activité ; ce qui est mû est tel par l'activité (la force) d'autre chose... On peut montrer pourquoi il est impossible de donner une définition du mouvement ou de l'activité en général. En effet, toute définition suppose que son objet se laisse distinguer d'un autre objet quelconque ; car c'est par là seul qu'il reçoit une détermination et

1. Delbœuf. *Essai de logique scientifique.*
2. *Ibid.*

qu'on peut lui assigner sa détermination. Or, le mouvement, purement comme tel, se laisse distinguer seulement du repos, et l'activité, comme telle, seulement de l'inactivité. Mais le repos, l'inactivité ne se laissent à leur tour distinguer que du mouvement, de l'activité ; repos, c'est non-mouvement ; inactivité, c'est non-activité ; ce sont des notions négatives qui, comme telles, supposent les notions dont elles sont la négation. Je dois donc savoir d'abord ce que c'est que le mouvement pour dire ce qu'est le repos. D'un autre côté, l'activité, le mouvement, purement comme tel, est une notion tout à fait simple, aussi simple que nos premières perceptions immédiates des couleurs, des tons, qui sont également indéfinissables. Elle ne se laisse pas séparer en moments ou parties, parce qu'elle n'en a pas. Car, quoique le mouvement implique une distinction entre le moteur et le mobile, cela prouve seulement qu'au mouvement en général, comme au mouvement particulier du passage de la puissance en acte, on doit présupposer une activité distinctive comme l'activité primaire et fondamentale conditionnant toute chose ; et en outre cette distinction ne tombe pas *dans* le mouvement, mais *avant* le mouvement, de sorte qu'elle ne lui enlève en aucune façon sa simplicité. Il y a erreur capitale à mettre compréhensivement le mouvement en rapport avec l'espace et le temps, rapport qui le conditionnerait. En soi, il est si peu dans un tel rapport, que ce sont plutôt les notions d'espace et de temps qui supposent celle du mouvement. Car le temps vide, abstrait, dans lequel les choses prétendument se suivent (tandis qu'au fond ce n'est que la succession générale des choses) est, comme tel, seulement le *mouvement* de cette succession, et l'espace dit vide, dans lequel prétendu-

ment les choses se trouvent (pendant qu'il n'est que leur jux-
taposition en général) est, comme tel, non le vide en repos,
mais le vide *s'étendant* à l'infini.[1] Mais même le mouvement
dans cet espace, le mouvement quant à l'espace comme tel,
est tout à fait simple, et n'implique en soi nullement la distinction d'*ici* et de *là* ; or Zénon déduisait qu'il impliquait
contradiction en ce qu'une seule et même chose ne peut être
à la fois *ici* et *là* (pas ici). Car, supposé même que nous vou-
lions le regarder comme un passage d'ici à là, ce *passage* est
déjà le mouvement purement comme tel, c'est-à-dire le mouvement qui n'est pas encore compliqué de la distinction de
l'*ici* et du *là*. D'ailleurs c'est nous seuls qui établissons une
pareille distinction par rapport aux choses distinguées, et qui
la combinons arbitrairement avec le mouvement. Nous posons
un *ici* et nous le distinguons d'un *là* ; mais dans l'espace
pur, dans le vide pur de toute distinction, il n'y a ni *ici* ni
là, et il en est de même du mouvement, quant à l'espace
purement comme tel. Les mêmes raisons s'appliquent au
mouvement quant au temps... De là un résultat de la plus
haute signification pour la logique : c'est que la doctrine si
répandue, et soutenue de nouveau par Hegel, que le mouvement implique une contradiction inévitable, est une vieille
erreur qui se soutient faute de profondeur dans l'analyse, et
que l'on ne peut plus en appeler à la représentation du mouvement pour nier la généralité des principes logiques d'identité et de contradiction, qui posent l'incompréhensibilité de tout
ce qui implique contradiction... On voit aussi en même
temps pourquoi nous ne pouvons pas définir purement

1. Avec Delbœuf, nous croyons devoir faire des réserves concernant
cette dernière affirmation.

comme tels, l'activité et le mouvement. Car nos intuitions simples sont les éléments de notre pensée, et elles doivent être données pour que nous puissions former des représentations, notions, propositions, jugements compliqués, et dont par conséquent il est impossible de fournir une définition, parce qu'elles sont les conditions de toute définition comme de toute définition de concept.

« Nous n'en savons pas moins très bien ce que c'est que l'activité, le mouvement ; car nous l'apprenons immédiatement par l'intuition et par notre propre agir ; mais chacun le sait seulement par sa propre intuition, c'est-à-dire, par cela même qu'il distingue les changements phénoménaux des choses, conformément aux catégories de l'activité et de l'acte, et de là conformément à celles de l'espace et du temps. Par là il acquiert à la vérité seulement la représentation d'un *certain* faire — devenir —, d'un *certain* mouvement, mais cette représentation implique nécessairement la simplicité, qui appartient à *toute* activité, à *tout* mouvement purement comme tel[1]. »

6. — Pour Delbœuf, le savant philosophe allemand n'a fait que déplacer la difficulté en la transportant du mouvement pur sur le mouvement déterminé. Nous ne pouvons partager cet avis ; nous admettons, au contraire, la puissante argumentation de M. Ulrici. Quelques explications sont nécessaires.

Nous possédons la notion du mouvement pur, comme idée primitive et simple, donc indécomposable, fournie par l'intuition. Ce mouvement pur n'implique pas contradiction, car, donnée intuitive, il n'exige aucune distinction d'*ici* et de *là*.

---

1. Nous avons admis la traduction faite par Delbœuf de ce passage du travail de M. Ulrici. Voir *Logique scientifique*.

Ce mouvement pur est-il définissable ? Nous ne pensons pas, non par la raison qu'a donnée M. Ulrici, mais parce qu'on ne peut, sans l'affaiblir, définir une idée simple, première. Ce mouvement pur existe-t-il ? Nous devons l'admettre, car il nous est impossible de concevoir *rien que des mouvements relatifs*.

Et le mouvement déterminé, qu'est-il ? C'est le mouvement pur que nous dénaturons en y ajoutant la distinction gratuite de l'*ici* et du *là*. Cette construction est nécessaire pour la mesure et la comparaison des mouvements, mais elle disparaît en fin de compte dans les rapports et ne peut, en conséquence, modifier la nature du mouvement. Au surplus, logiquement, le mouvement déterminé peut se ramener au mouvement pur, si l'on remarque qu'il n'a en réalité *ni point de départ ni point d'arrivée*, et que les stations, de même que les *ici* et les *là*, ont pour unique fonction de servir les nécessités de notre compréhension, en donnant des *moments* au mouvement pur. Une telle construction est nécessaire, nous le reconnaissons, mais elle ne peut modifier en rien le caractère fondamental du mouvement pur. Une courbe, dans l'espace, garde toutes ses propriétés, qu'on la détermine ou qu'on ne la détermine pas, qu'on l'analyse avec les coordonnées cartésiennes ou avec les coordonnées polaires. En résumé, les lois logiques sont sauves.

4. Dans le mouvement, comme dans le changement, c'est toujours le même être qui change ; mais dans le mouvement, il change quantitativement ; et, dans le changement, il change qualitativement. On peut donc considérer le mouvement comme une variété de changement, le *changement quantitatif uni à la continuité qualitative*.

CHAPITRE II

1. — Jusqu'ici, le mouvement a été considéré dans sa signification plutôt intuitive et dans sa conception logique. Cela ne suffit pas pour l'établissement de la mécanique. Il importe de l'examiner à un point de vue plus élevé, absolument scientifique.

2. — L'ESPACE DYNAMIQUE. — Nous avons vu que l'espace *géométrique* ou euclidien était l'espace intuitif que nous connaissons, mais *dénaturé* et devenant un espace spéculatif continu, indéfini, isotrope, homogène, où les corps peuvent se superposer et se pénétrer, c'est-à-dire occuper ensemble le même lieu.

L'espace *dynamique*, lui, est encore notre espace intuitif *dénaturé*, devenant un espace spéculatif continu, indéfini, immobile et immatériel, où les corps ne peuvent ni se superposer ni se pénétrer.

C'est dans cet espace spéculatif que sont applicables les lois ou hypothèses premières de la mécanique.

3. — LE MOUVEMENT. — Il n'est pas possible de donner une définition scientifique du mouvement, parce que ce dernier est une donnée fournie par l'intuition. Dans ces conditions, les termes qui serviraient à le définir, ou bien manqueraient de simplicité et de rigueur, ou constitueraient un cercle.

Une telle définition ne serait d'ailleurs pas sans inconvénient. Le mouvement, en effet, dans sa signification intuitive, a été appliqué aux usages de la vie ordinaire, en laissant dans l'esprit une trace indélébile. En ajoutant à cette dernière l'empreinte d'une définition scientifique, il est résulté parfois des contradictions fâcheuses, car, tantôt, dans la même question, on utilisait la première connaissance du mouvement, tantôt la seconde.

Si, comme nous l'avons déjà vu, l'*essence* du mouvement nous est inconnue, il est cependant un point hors de conteste : *on ne crée pas le mouvement ; il est.* Le mouvement *ne commence pas et ne finit pas ; il persiste.*

4. — Il importe de se mettre d'accord sur la manière d'interpréter le mouvement. A ce point de vue, deux alternatives se présentent :

A. — Le mouvement est un changement de position ;

B. — Le mouvement est un événement intérieur inconnaissable, et le changement de position est un résultat extérieur du mouvement.

La première conception du mouvement est plus large et plus simple que la seconde qui complique inutilement une question déjà si ardue. C'est à la première que nous nous arrêterons.

Dans cette conception, on peut distinguer trois cas :

A'. — Changement de position relativement à des points donnés ou supposés.

A''. — Changement de position relativement à l'espace vide, indéfini.

A'''. — Changement de position permettant aux différents points du mobile de tracer dans l'espace des lignes géométriques.

Seul, le premier cas est susceptible de détermination et possède une *vertu dynamique*.

Le second cas est vide d'enseignement. Dans un tel espace, il n'y a en réalité ni repos, ni mouvement, ni même de mobile.

Le troisième cas n'est pas déterminable ; il possède une vertu géométrique mais pas de vertu dynamique.

5. — A l'origine, les premiers points de repère du mouvement ont été le corps même de l'homme. C'est en le parcourant, qu'il a acquis, grâce aux impressions musculaires, la *notion* du mouvement. Plus tard, il a pris comme point de repère, l'endroit qui l'entoure, chambre, maison ou bateau et, finalement, la terre elle-même. On sait que, jusqu'à Copernic, les anciens et leurs successeurs admettaient le mouvement géocentrique.

6. — Pour appréhender le mouvement, comme en astronomie, il faut posséder des points de repère fixes. On a, dans ce cas, le *mouvement relatif*.

Le *mouvement absolu*, le mouvement en soi et par soi, est incompréhensible. Jamais, il ne peut être un objet d'expérience. On admet son existence à cause de l'existence même des mouvements relatifs. C'est l'avis de Leibniz et de Huygens.

Le mouvement apparent, lui, est une illusion dynamique. Si le mobile, au lieu de se mouvoir relativement à ses points de repère, reste en repos, et si les points de repère se meuvent en sens inverse avec la même vitesse, le mobile est dit avoir un mouvement *apparent*. Dans les deux cas, les résultats sont les mêmes au point de vue *cinématique*, mais ils sont différents au point de vue *dynamique*.

La suite montrera l'importance de ces distinctions.

7. — Si le concept de mouvement semble être entré dans sa phase ultime et positive, il reste encore entouré de gangue métaphysique pour plusieurs esprits supérieurs. Ainsi Barthélémy Saint-Hilaire écrit : « La métaphysique est, dans une certaine mesure, un antécédent obligé du mouvement, et si l'on ne sait pas d'abord ce que c'est que l'infini, le temps et l'espace, il est bien à peu près impossible de savoir ce que c'est que le mouvement, et à quelles conditions il s'accomplit dans le monde [1]. »

8. — NOTRE LOI D'INERTIE. — La première loi de la mécanique est la loi d'inertie. On en attribue généralement la découverte à Descartes, bien qu'il semble que ce soit Galilée qui l'ait formulée le premier. En effet, les *Principes* n'ont paru qu'en 1644, alors que les *Dialogues* ont vu le jour en 1638. Or, on lit dans les *Dialogues* : « Imaginons un corps lancé sur un plan horizontal, et supposons que tout obstacle au mouvement soit annulé ; le mouvement de ce corps sera uniforme et perpétuel sur le plan, si le plan est prolongé à l'infini [2]. »

9. — Tous les faits d'observation vulgaire semblent contredire la loi d'inertie. Aussi, l'antiquité et Aristote lui-même ne l'ont-ils point connue [3]. L'antiquité, d'ailleurs, était trop éloignée de Képler et de Galilée, et n'avait pas su dégager le

---

1. Barthélémy Saint-Hilaire. Préface à la *Physique d'Aristote*.

2. Galilée. *Dialogues*.

3. D'aucuns estiment que les études d'Aristote sur *l'infini en puissance et en acte* ont établi les vrais principes de l'étude des grandeurs continues. Cette affirmation nous paraît pour le moins exagérée. Leibniz, *qui s'y connaissait*, fait remonter à Archimède la trace du calcul différentiel.

concept de *vitesse*. Elle se complaisait dans les distinctions subtiles. C'est ainsi que les Grecs estimaient que le mouvement circulaire, où les éléments diffèrent en direction, était plus *noble* que le mouvement linéaire où les éléments ne diffèrent qu'en grandeur.

10. — Comme l'établit le savant géomètre français M. Poincaré, le principe d'inertie n'est ni une conception *a priori*, ni un fait expérimental. Qu'est-il donc? C'est une loi suggérée par l'expérience ; c'est, comme le dit M. Poincaré, *un cas particulier d'un principe général dont on peut vérifier plusieurs conséquences*[1].

Quel est ce principe général? C'est que les mouvements de toutes les molécules matérielles de l'univers dépendent d'équations différentielles du second ordre. Pour l'astronomie, ce principe général est vérifié par l'expérience, du moins, on peut l'admettre. De plus, il a été étendu à la physique, où l'on n'a pas à craindre qu'il soit jamais abandonné. « Si les phénomènes physiques sont dus à des mouvements, écrit M. Poincaré, c'est aux mouvements de molécules que nous ne voyons pas. Si alors l'accélération d'un des corps que nous voyons nous paraît dépendre d'*autre chose* que des positions ou des vitesses des autres corps visibles ou des molécules invisibles dont nous avons été antérieurement à admettre l'existence, rien ne nous empêchera de supposer que cette *autre chose* est la position ou la vitesse d'autres molécules dont nous n'avons pas jusque-là soupçonné la présence. La loi se trouvera sauvegardée[2]. »

1. Poincaré. *Science et hypothèse.*
2. *Ibid.*

11. — Qu'est-ce que la loi d'inertie ? C'est une hypothèse en vertu de laquelle un corps abandonné à lui-même conserve son état de repos ou de mouvement rectiligne uniforme.

Quelques observations : 1° Un corps en repos persistera dans ce repos, puisqu'il ne possède pas en lui de raison de se mouvoir dans un sens plutôt que dans un autre; 2° On comprend encore que la direction du mouvement soit rectiligne, puisqu'il n'y a aucune raison pour que le corps aille plutôt à droite qu'à gauche de sa direction première ; 3° mais l'uniformité du mouvement n'est rien moins qu'évidente à cause de notre ignorance de l'*essence* même du mouvement. Aussi, l'affirmation qu'un corps incapable de se donner du mouvement est également incapable de modifier le mouvement qu'il a reçu nous paraît-elle dépourvue de solidité. Sans valeur encore, la raison en vertu de laquelle on veut que le mouvement ne change pas, *parce qu'il n'y a pas de raison pour qu'il change*. Quant à l'argument d'Euler, il n'est pas plus valable que les précédents. On sait que, pour cet illustre géomètre, la vitesse ne saurait changer, parce qu'il n'y a aucune raison pour qu'*elle diminue plutôt qu'elle n'augmente* [1]. En résumé, la persistance dans l'uniformité du mouvement n'est absolument pas évidente.

12. — La loi d'inertie ne s'impose pas *a priori*. « D'autres, dit M. Poincaré, seraient, tout aussi bien qu'elle, compatibles avec le principe de raison suffisante. Si un corps n'est soumis à aucune force, au lieu de supposer que c'est sa vitesse qui ne change pas, on pourrait supposer que c'est sa position, ou encore son accélération qui ne doit pas changer [2]. »

1. Euler. *Lettres à une princesse d'Allemagne*, LXXII.
2. Poincaré. *Ouv. cit.*

Admettons avec M. Poincaré que l'une de ces deux lois hypothétiques remplace notre loi d'inertie actuelle.

Si l'on choisit la première, on doit supposer que la vitesse d'un corps dépend uniquement de sa position et de celle des corps voisins [1] et les équations différentielles du mouvement seront du premier ordre.

Si l'on accepte la seconde loi, il faut que la variation de l'accélération ne dépende que de la position du corps et des corps voisins, de leurs vitesses et de leurs accélérations [2] ; en ce cas, les équations différentielles du mouvement seront du troisième ordre.

13. — Pour bien faire comprendre la nature de notre loi d'inertie généralisée, le savant français l'oppose à une autre loi d'inertie, dans une hypothèse lumineuse. Ecoutons-le : « Je suppose, dit-il, un monde analogue à notre système solaire, mais où, par un singulier hasard, les orbites de toutes les planètes soient sans excentricité et sans inclinaison. Je suppose de plus que les masses de ces planètes soient trop faibles pour que leurs perturbations mutuelles soient sensibles. Les astronomes qui habiteraient l'une de ces planètes ne manqueraient pas de conclure que l'orbite d'un astre ne peut être que circulaire et parallèle à un certain plan ; la position d'un astre à un instant donné suffirait alors pour déterminer sa vitesse et toute sa trajectoire. La loi d'inertie qu'ils adopteraient serait la première des deux lois hypothétiques dont je viens de parler [3]. »

1. Poincaré. *Ouv. cit.*
2. *Ibid.*
3. *Ibib.*

Il va sans dire que cette loi suggérée par les faits astronomiques serait étendue par eux à la physique. Mais voilà que
ce système est traversé avec une grande vitesse par un corps
de grande masse venu des régions lointaines, et toutes les
orbites sont troublées et deviennent elliptiques. Comme l'ordre
premier ne se rétablit pas après le départ de l'astre pertur-
bateur, les astronomes reconnaissent qu'ils se sont trompés,
abandonnent leur loi d'inertie et refont leur mécanique.

14. — Cet exemple hypothétique montre bien que notre loi
d'inertie n'a rien d'aprioristique et n'a même rien de théoriquement certain. La même observation pourrait d'ailleurs
s'appliquer à une autre loi d'inertie quelconque. Mais écoutons encore M. Poincaré : « Eh bien, maintenant, cette loi
d'inertie généralisée, a-t-elle été, dit-il, vérifiée par l'expérience et peut-elle l'être ? Quand Newton a écrit les *Principes*,
il regardait bien cette vérité comme acquise et démontrée
expérimentalement. Elle l'était à ses yeux, non seulement
par l'idole anthropomorphique dont nous reparlerons, mais
par les travaux de Galilée. Elle l'était aussi par les lois de
Képler elles-mêmes ; d'après ces lois, en effet, la trajectoire
d'une planète est entièrement déterminée par sa position et
par sa vitesse initiales ; c'est bien là ce qu'exige notre principe d'inertie généralisée. » [1]

Ajoutons que nous n'avons pas à craindre, dans notre
monde, la mésaventure du monde imaginaire de M. Poincaré.
« Pour que ce principe ne fût vrai qu'en apparence, poursuit
M. Poincaré, pour qu'on pût craindre d'avoir un jour à le
remplacer par un des principes analogues que je lui opposais

1. Poincaré. *Ouv. cit.*

tont à l'heure, il faudrait que nous eussions été trompés par quelque surprenant hasard, comme celui qui, dans la fiction que je développais plus haut, avait induit en erreur nos astronomes imaginaires.

« Une pareille hypothèse est trop invraisemblable pour que l'on s'y arrête [1]. »

15. — Notre loi d'inertie est en concordance avec le *principe de continuité*. En effet, ce dernier veut que le corps en repos reste en repos, et que le corps en mouvement reste en mouvement, tant qu'une cause perturbatrice extérieure n'intervient pas. Mais cette proposition n'est pas simple ; elle se subdivise comme suit :

1° On peut considérer le repos et le mouvement comme deux qualités des corps, et ces qualités doivent perdurer en vertu du principe de *continuité qualitative*.

2° Le corps en mouvement demeure en mouvement rectiligne, en vertu du principe de *continuité qualitative* qui ne permet pas la variabilité du mouvement initial qui est rectiligne.

3° Le mouvement rectiligne reste uniforme en vertu du principe de *continuité quantitative* qui n'autorise pas la variabilité de la vitesse initiale.

Nous reconnaissons volontiers que les autres lois hypothétiques d'inertie répondent également bien au principe de continuité ; mais nous rappelons encore une fois qu'il ne s'agit pas ici de découvrir des *réalités*, mais de choisir l'hypothèse la plus simple pour réunir et expliquer le plus grand nombre de phénomènes.

1. Poincaré. *Ouv. cit.*

Remarquons en passant que les défenseurs de l'existence *réelle de la force*, seraient bien embarrassés d'énoncer une loi d'inertie quelconque qui ne fût pas en discordance avec leur croyance.

16. — On a fait de l'*inertie*, en général, une propriété de la matière, comme la résistance, l'étendue, l'impénétrabilité. Dissimulerait-elle la présence d'une *force réelle ?* Des penseurs l'ont cru et des mathématiciens ont même cherché à le démontrer. Euler, qui attribuait l'inertie à l'impénétrabilité et faisait de cette dernière un réservoir de forces, s'élève contre l'idée d'ériger l'inertie en *force*. « Je dois remarquer, écrit Euler, que c'est nommer fort mal à propos force, cette qualité des corps par laquelle ils restent dans leur état ; car si l'on comprend sous le mot de force tout ce qui est capable de changer l'état des corps, la qualité par laquelle ils se conservent dans le leur est plutôt l'opposé d'une force. C'est donc par un abus que quelques auteurs donnent le nom de force à l'inertie qui a cette qualité, et qu'ils nomment force d'inertie [1]. »

17. — A la vérité, pour Euler, si les corps ont la faculté de se conserver dans le même état, ils sont capables de fournir des forces qui changent l'état des autres. « Il est fort surprenant, sans doute, dit-il, que si chaque corps a une disposition naturelle à se conserver dans le même état, et à s'opposer même à tout changement, tous les corps du monde changent cependant perpétuellement leur état. Nous savons bien que ce changement ne saurait avoir lieu que par une

1. Euler, LXXVI.

force dont l'existence soit hors du corps dont l'état est changé, mais où faut-il chercher ces forces qui opèrent ces changements continuels dans tous les corps du monde, et qui sont cependant étrangères au corps ?..

« Toute la question se réduit donc à examiner si les forces qui changent l'état des corps existent à part et constituent une espèce particulière d'êtres, ou si elles existent dans les corps ? Ce dernier sentiment paraît d'abord fort étrange ; car si tous les corps ont le pouvoir de se conserver dans le même état, comment serait-il possible qu'ils renfermassent des forces qui tendent à le changer ?... Je ne dis pas qu'un corps change jamais son propre état, mais qu'il peut devenir capable de changer celui d'un autre [1]. » On voit que le génie même n'échappe pas aux conceptions étranges, quand il accepte l'existence réelle de la force.

18. — La plupart des mathématiciens ont fait et font encore de l'inertie une force. C'est là une nuisance de l'anthropomorphisme contre laquelle s'élevait déjà Voltaire. L'opinion de d'Alembert sur la *force d'inertie* mérite examen, bien qu'elle n'ait plus qu'une valeur historique. D'Alembert nomme force d'inertie la propriété qu'ont les corps de rester dans l'état où ils sont [2]. Ce philosophe mathématicien a cherché à démontrer les deux lois suivantes :

19. PREMIÈRE LOI. — « Un corps en repos y persistera, à moins qu'une cause étrangère ne l'en tire. Car un corps ne peut se déterminer de lui-même au mouvement, puisqu'il n'y

---

1. Lettre, LXXVII.

2. D'Alembert. *Traité de dynamique*. De la force d'inertie et des propriétés du mouvement qui en résultent.

a pas de raison pour qu'il se meuve d'un côté plutôt que d'un autre.

« Corollaire. D'où il suit que si un corps reçoit du mouvement par quelque cause que ce puisse être, il ne pourra de lui-même accélérer ni retarder ce mouvement [1]. »

Cette première loi peut être admise ; mais le corollaire n'est rien moins qu'évident, étant donnée notre ignorance de la *nature même* du mouvement.

20. DEUXIÈME LOI. — « Un corps mis une fois en mouvement par une cause quelconque, doit y persister toujours uniformément et en ligne droite, tant qu'une cause différente de celle qui l'a mis en mouvement n'agira pas sur lui ; c'est-à-dire qu'à moins qu'une cause étrangère et différente de la cause motrice n'agisse sur ce corps, il se mouvra perpétuellement en ligne droite et parcourra en temps égaux des espaces égaux. Car, ou l'action individuelle et instantanée de la cause motrice au commencement du mouvement suffit pour faire parcourir au corps un certain espace, ou le corps a besoin pour se mouvoir de l'action continue de la force motrice. Dans le premier cas, il est visible que l'espace parcouru ne peut être qu'une ligne droite décrite uniformément par le corps mû. Car passé le premier instant, l'action de la cause motrice n'existe plus, et le mouvement néanmoins subsiste encore : il sera donc nécessairement uniforme, puisqu'un corps ne peut accélérer ni retarder son mouvement de lui-même [2]. De plus, il n'y a pas de raison pour que le corps s'écarte à droite plutôt qu'à

1. D'Alembert. *Traité de dynamique.* De la force d'inertie et des propriétés du mouvement qui en résultent.

2. D'Alembert se base ici sur le corollaire de sa première loi, corollaire qui n'est pas admissible.

gauche. Donc, dans ce premier cas, où l'on suppose qu'il soit capable de se mouvoir de lui-même pendant un certain temps, indépendamment de la cause motrice, il se mouvra de lui-même pendant ce temps uniformément et en ligne droite.

« Or un corps qui peut se mouvoir de lui-même uniformément et en ligne droite pendant un certain temps, doit continuer perpétuellement à se mouvoir de la même manière si rien ne l'en empêche, car supposons le corps partant de A et capable de parcourir de lui-même uniformé-

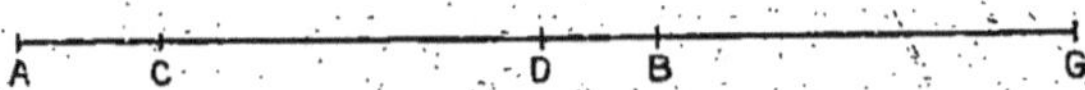

ment la ligne AB ; soient pris sur la ligne AB deux points quelconques C, D, entre A et B. Le corps étant en D est précisément dans le même état que lorsqu'il était en C, si ce n'est qu'il se trouve dans un autre lieu. Donc il doit arriver à ce corps la même chose que quand il est en C. Or, étant en C, il peut se mouvoir de lui-même uniformément jusqu'en B. Donc étant en D, il pourra se mouvoir de lui-même uniformément jusqu'au point G tel que DG = CB, et ainsi de suite.

« Donc si l'action première et instantanée de la cause motrice est capable de mouvoir le corps, il sera mû uniformément et en ligne droite, tant qu'une nouvelle cause ne l'en empêchera pas.

« Dans le second cas, puisqu'on suppose qu'aucune cause étrangère et différente de la cause motrice n'agit sur le corps, rien ne détermine donc la cause motrice à augmenter ni à diminuer ; d'où il s'ensuit que son action continue sera uniforme et constante, et qu'ainsi pendant le temps qu'elle agira, le corps se mouvra en ligne droite et uniformément. Or la même raison qui a fait agir la cause motrice constamment et uniformément pendant un certain temps, subsistant toujours tant que rien ne s'oppose à son action, il est clair que cette action doit demeurer continuellement la même et produire constamment le même effet. Donc, etc.[1]. »

21. — Il est inutile d'insister, pensons-nous, sur les défauts de cette démonstration. Si d'Alembert y parle de *cause motrice*, il ne croit cependant pas que l'*inertie* dissimule l'existence réelle de la *force*. Au surplus, il fait suivre cette démonstration des réflexions suivantes : « Il faut convenir au reste que toutes les preuves qu'on a données jusqu'ici de la conservation du mouvement n'ont point le degré d'évidence nécessaire pour convaincre l'esprit : elles sont presque toutes fondées sur une force qu'on imagine dans la matière, par laquelle elle résiste à tout changement d'état, ou sur l'indifférence de la matière au mouvement comme au repos. Le premier de ces deux principes, outre qu'il suppose dans la matière un être dont on n'a pas d'idée nette, ne peut suffire pour prouver la loi dont il est question. Car quand un corps se meut, même uniformément, le mouvement qu'il a dans un instant quelconque, est distingué comme isolé du mouvement qu'il a eu ou qu'il aura dans les instants précédents ou suivants. Le corps est donc en quelque manière, à chaque instant, dans un état qui n'a rien de commun avec le précédent ; il ne fait, pour ainsi dire, continuellement que com-

1. D'Alembert. *Ouv. cit.*

mencer à se mouvoir, et on pourrait croire qu'il tendrait sans cesse à retomber dans le repos, si la même cause qui l'en a tiré d'abord ne continuait en quelque sorte à l'en tirer toujours [1]. »

1. D'Alembert. *Ouv. cit.*

CHAPITRE III

1. — Il n'est pas sans intérêt de jeter un rapide coup d'œil sur l'évolution du concept de *mouvement*, depuis l'antiquité jusqu'à l'époque moderne. Nous prévenons le lecteur que dans cette étude, il rencontrera souvent, à propos de la conception du mouvement, l'espace pris comme *entité réelle*, le mouvement absolu considéré comme compréhensible, et le point de vue *cinématique* confondu parfois avec le point de vue *dynamique*[1].

2. ARISTOTE. — Aristote s'est occupé du mouvement dans sa *Physique* et dans sa *Métaphysique*. Tout d'abord, il admet l'existence objective de l'espace ; cependant il reconnaît qu'il y a de grandes difficultés à savoir *ce qu'il est*[2]. Pour lui, l'espace est un corps. Non seulement, il produit de nombreux arguments pour prouver l'existence de l'espace[3], mais il ne doute pas qu'il ne soit infini. Ainsi, pour établir qu'il est partout peuplé de mondes, il écrit : « pourquoi le vide serait-il dans une partie de l'univers puisqu'il n'est pas dans celle où nous sommes[4]. »

Le péripatéticien a cherché à réfuter Zénon qui avait dit : « Si vous faites de l'espace une réalité, je vous demande en

1. Nous suivons, en général, l'ordre adopté par M. Louis Lange dans son travail sur le *mouvement* paru dans la *Philosophische Studien* de 1886.
2. Aristote. *Physique*, t. I, livre IV, chap. I.
3. *Ibid.*, t. I, livre IV, chap. II, III, IV et V.
4. *Ibid.*, t. I, livre III, chap. IV.

quoi vous placez l'espace, puisque toute réalité doit toujours nécessairement être quelque part[1]. »

Zénon avait raison. Une entité qui a un *contenu* et se trouve privée de *contenant* ne se comprend pas. Et si par la pensée, on fait disparaître tous les corps de l'univers, sauf l'espace d'Aristote, cet espace devient une entité n'ayant ni *contenu*, ni *contenant* ; donc, un pur néant. Aristote admet l'immobilité de l'espace. « Le lieu des corps est la première limite immobile du contenant ; c'est l'idée la plus précise qu'on puisse se faire du lieu ou de l'espace[2]. » Nous reviendrons sur ce point.

Pour Aristote, il y a « trois espèces de mouvement qui se distinguent en ce que l'un a lieu dans la grandeur, l'autre dans la qualité et le troisième dans l'espace[3]. »

Plus loin, Aristote affirme qu' « il n'y a point de mouvement possible sans espace, sans vide et sans temps[4]. »

Aristote définit le mouvement d'un corps : un changement de place par rapport à lui-même, dans l'espace. Il est entendu — c'est un postulatum — que l'espace immobile qui environne le corps *touche directement* ce dernier. Et comme un corps ne peut occuper qu'une place à la fois, quand il se meut, il change de place.

En résumé, le corps qui forme l'espace et celui qui occupe cet espace sont près l'un de l'autre. En conséquence, un corps qui se meut, se meut à côté d'un autre qui reste immobile.

1. Aristote. *Physique*, t. I, liv. IV, chap. v.
2. *Ibid.*, t. I, liv. IV, chap. vi.
3. *Ibid.*, t. I, livr. VIII, chap. x.
4. *Ibid.*, t. II, liv. III, chap. i.

Aristote distingue le *mouvement accidentel*. Ainsi, un clou, dans un navire en marche, a un mouvement accidentel, sans pour cela changer de place, c'est-à-dire sans être en mouvement lui-même. Celui qui se promène sur un navire est en mouvement par rapport à lui-même et en mouvement accidentel[1].

Avant Copernic, on admettait le mouvement géocentrique; comment, dans ces conditions, concilier la définition d'Aristote avec l'immobilité de la terre et le mouvement du ciel?

N'insistons plus sur l'existence objective de l'espace que suppose Aristote dans sa définition. Mais cette dernière est trop étroite, car elle ne peut s'appliquer à deux corps en mouvement relatif et séparés par un grand espace. De plus, elle est inexacte, car, si sur un navire se dirigeant, par exemple, vers le nord avec une vitesse d'un mètre à la seconde, un passager se meut vers le sud avec la même vitesse, cet homme ne bouge pas d'après la définition d'Aristote; et cependant, il a été en mouvement.

Pour le péripatéticien, un navire est en mouvement, quand il se meut par rapport à l'eau et à l'air qui *le touchent*. Mais l'eau et l'air peuvent être en mouvement. Comment concilier ce mouvement avec l'immobilité de l'espace? Il y a plus encore. Si le navire est à l'ancre dans un courant et avec un vent soufflant dans le même sens que ce dernier, il change de place, d'après Aristote, et cependant il ne bouge pas.

On a cherché à justifier *l'immobilité de l'espace* d'Aristote, en supposant que c'était la voûte céleste extrême qui

1. *Philosophische Studien*, 1886, t. III, 3ᵉ fascicule. *Étude relative à la critique historique des principes mécaniques* par Louis Lange.

était seule mobile ; d'autres ont dit que le mouvement de l'espace sphérique n'était pas rectiligne mais circulaire.

Il nous paraît inutile d'appuyer sur l'erreur d'Aristote relativement à l'espace et au mouvement dans cet espace. Insistons plutôt sur ce point que sa reconnaissance d'un *ordre* dans la nature et son principe téléologique de la *simplicité* ont porté les premiers coups au système de Ptolémée. Les idées sur le mouvement se sont développées, après Aristote et pendant le moyen âge, d'après des principes qui n'étaient pas étrangers à la doctrine aristotélienne.

On ne se lassera jamais d'admirer ces paroles d'Aristote sur la *continuité du changement* et sur l'*éternité du mouvement* : « Par conséquent, il y a nécessité que ce qui a changé change, et que ce qui change ait changé ; et le changement antérieur fait partie du changement actuel, de même que le changement actuel fait partie du changement antérieur, de sorte qu'on ne peut jamais arriver au primitif[1]. » C'est la prescience de l'*évolution*. Aristote dit encore : « ... Il est évident que le mouvement est éternel, et il ne se peut pas que tantôt il soit et que tantôt il ne soit pas[2]. »

2. Héraclide du Pont. — Les doctrines de Zénon et de Sextus Empiricus sur le mouvement sont connues ; elles sont plutôt critiques que dogmatiques. Nous ne nous y arrêterons pas.

Héraclide du Pont, élève d'Aristote et penseur original, admet la rotation de la terre, mais pas sa translation. Il émit l'idée du mouvement relatif et l'hypothèse du déplacement

1. Aristote. *Physique*, t. II, liv. VI, chap. x.
2. *Ibid.*, t. II, liv. VIII, chap. i.

du lieu d'observation. C'est ainsi que, pour Héraclide, Mercure et Vénus décrivent de fait des *épicycles*. C'était un acheminement vers le système héliocentrique qu'il appartenait à Aristarque de Samos de soutenir le premier.

On comprendra l'importance des théories nouvelles d'Héraclide sur le développement du concept de mouvement, en observant que jusqu'à Newton, ce concept se modifie avec l'astronomie. A partir de Newton, c'est la mécanique qui l'influence.

3. COPERNIC. — Le principe de la *simplicité* amena Copernic à abandonner le mouvement du ciel pour le transmettre à la terre. Il estimait qu'il était absurde de supposer en mouvement ce qui enveloppe, plutôt que ce qui est enveloppé. Nous n'avons pas à discuter ce principe *démodé*, mais à constater que Copernic a eu des précurseurs; nous venons d'en citer un plus haut.

Copernic modifie la notion du mouvement, en s'inspirant toujours de l'astronomie. L'espace n'a plus besoin, comme le voulait Aristote, de toucher directement le corps qui l'occupe; il suffit qu'il l'enveloppe.

On ferait un recueil curieux en réunissant les objections qui ont été faites à la réforme de Copernic. Le jésuite Riccioli en opposa 77, au dire de M. L. Lange[1].

4. KÉPLER. — Képler partagea les idées de Copernic. La simplicité, d'après ce génial astronome, donne de la *vraisemblance* au système de Copernic; et il chercha à en démontrer la réalité, par cette considération que le ciel

---

1. Louis Lange. *Ouv. cit.*

enveloppe tout et ne peut, en conséquence, avoir ni mouvement ni espace.

Képler s'en tient généralement au point de vue de Copernic ; pas plus que ce dernier, il ne donne la différence entre le mouvement vrai et le mouvement apparent. Quant à dire que le firmament est le corps enveloppant tout, c'est là une affirmation téméraire, car tout y bouge, même les étoiles fixes. A la vérité, ce dernier point n'était pas reconnu à l'époque de Képler.

Nous venons de dire que Képler, pas plus que Copernic, ne nous donne la différence entre le mouvement vrai et le mouvement apparent. A ce propos, M. L. Lange écrit : « Mais il y a tout de même un progrès, parce qu'il montre que certains préjugés nous portent à considérer comme réel un mouvement apparent. C'est ainsi qu'il signale ce point que nous sommes toujours disposés à considérer comme étant en repos, celui des deux corps qui a le plus gros volume[1]. »

Mais comment distinguer la différence des deux mouvements ? Voilà ce qui n'était possible ni à Képler ni à Copernic, parce qu'ils n'introduisaient pas dans la question un *élément dynamique*. Sous ce rapport, Képler s'éloignait beaucoup de la solution qu'il était réservé à Galilée de trouver, et voici pourquoi. Il est admis en mécanique rationnelle, que le mouvement rectiligne uniforme n'est pas un *changement* et, conséquemment, n'exige pas l'*intervention* d'une *force*. Képler, lui, pensait le contraire ; il estimait qu'un tel mouvement *impliquait* une *force*. Il s'éloignait donc par là de notre principe d'inertie et reculait le point de vue dynamique. Est-

1. L. Lange. *Ouv. cit.*

ce à dire que cette théorie de Képler était absurde? En aucune façon. Elle était tout simplement moins commode que l'hypothèse à laquelle Galilée allait arriver et que la science devait conserver. Un savant géomètre français, M. Paul Tannery, écrit à ce sujet : « Kant, dit-il, s'appuye pour rejeter *a priori* une pareille conception, sur ce point que nous devons considérer les mouvements rectilignes et uniformes comme purement relatifs, qu'il est absurde de parler, au point de vue empirique, d'un repos ou d'un mouvement absolu. Mais c'est confondre la cinématique avec la dynamique ; nous ne prétendons probablement pas arriver pour la force à des déterminations absolues ; il s'agit seulement de reconnaître les conditions nécessaires pour l'expérience ; or si les conditions admises par Newton sont plus commodes, il ne s'ensuit nullement que celles supposées par Képler soient d'une application impossible[1]. »

5. Galilée. — Galilée comme Copernic, n'admet pas qu'un corps en mouvement se meuve auprès d'un autre qui est immobile ; il cherche à remplacer la contiguité par une simple relation, sans prétendre cependant qu'il considère le mouvement réel comme quelque chose de relatif dans son essence[2]. En vertu de l'*ordre* dans la nature, mais pas au sens d'Aristote, il s'appuye constamment sur le principe téléologique de la simplicité, et il va même jusqu'à personnifier la nature[3]. Pour Galilée, la nature opère dans son espace et y poursuit ses fins. Pour connaître le point de vue de la nature, il suffit de recher-

---

1. Paul Tannery. Théorie de la matière d'après Kant. *Revue philosophique*, 1885.
2. L. Lange. *Ouv. cit.*
3. L. Lange. *Ouv. cit.*

cher ou d'observer les choses du côté de leur simplicité. Aussi, Galilée plus que Bacon, peut-être, a-t-il été le créateur de la méthode expérimentale. Il se tient toujours en contact avec l'expérience ; mais, pour l'illustre géomètre, il reste entendu que nos impressions et nos notions sont purement phénoménales et ne représentent, en somme, que des images de la nature. La réalité, elle, c'est la nature pensante poursuivant ses fins dans *son espace* ; et les mouvements réels se rapportent à cet espace. Quant aux mouvements que nous percevons, c'est-à-dire les *phénomènes de mouvement*, ils se passent dans notre espace, et nous les rattachons, pour les fixer, à un corps donné. Ces mouvements sont donc relatifs. Voilà comment il faut entendre que le *mouvement est un changement de place dans l'espace*. En résumé, pour Galilée, les mouvements réels sont ceux qui se passent dans l'espace de la nature pensante ; les mouvements relatifs, ou les phénomènes de mouvement, sont ceux qui se rapportent à notre espace. Donc, tout mouvement perceptible est relatif.

Képler a-t-il pressenti l'*inertie ?* Il est difficile de se prononcer à cet égard. Mais Galilée l'a érigée en principe. Et comme il a transporté sa loi d'inertie dans l'espace de la nature, il a donné par le fait au mouvement un caractère dynamique.

6. DESCARTES. — Pour bien comprendre les idées de Descartes sur le mouvement, il importe de préciser différents points.

1° L'espace est le *lieu intérieur* du corps. L'espace et le corps qui est compris dans cet espace ne sont différents que par notre pensée [1].

---

[1]. Descartes. *Principes de la philosophie,* II° partie.

Descartes matérialise absolument l'espace, car il conclut de l'*extension* à la *nécessité* de la substance, ce qui n'est *rien* n'ayant *pas de dimension*[1].

2° Descartes établit une différence entre le *lieu* et l'*espace*. Le lieu marque plus expressément la *situation*; l'espace marque la *grandeur* ou la *figure*[2].

Pour déterminer la situation, on doit remarquer quelques autres corps que l'on considère comme immobiles. « Mais selon que ceux que nous considérons ainsi sont divers, nous pouvons dire qu'une chose en même temps change de lieu et n'en change point[3]. »

3° La *place* d'un corps comprend sa *place intérieure*, identique avec l'espace occupé, et sa *place extérieure* qu'on reconnaît par les corps extérieurs considérés comme immobiles[4]. Cette place extérieure est la ligne de séparation en contact avec les corps environnants. Cette surface de séparation est déterminée par ses dimensions et sa forme[5].

4° Descartes définit le mouvement, dans le sens vulgaire : c'est l'action par laquelle un corps passe d'un lieu dans un autre lieu. Il ajoute : « Comme nous avons remarqué ci-dessus qu'une même chose en même temps change de lieu et n'en change point, de même aussi nous pouvons dire qu'en même temps elle se meut et ne se meut point[6]. »

5° Descartes donne comme suit la définition scientifique du mouvement : c'est le « transport d'une partie de la matière ou

1. Descartes. *Principes de la philosophie*, II⁰ partie.
2. *Ibid.*
3. *Ibid.*
4. *Ibid.*
5. *Ibid.*
6. *Ibid.*

d'un corps du voisinage de ceux qui le touchent immédiatement, et que nous considérons comme en repos, dans le voisinage de quelques autres [1]. » Par « un corps », Descartes
entend tout ce qui est « transporté ensemble ». Il s'agit ici du
mouvement vrai.

6° Le mouvement, pour Descartes, est toujours *dans le
mobile*, et non dans celui qui *meut*. C'est une *propriété* du
mobile, comme la figure est une propriété de la chose figu-
rée [2]. Donc, le transport n'est rien hors du corps qui est mû.

7° La cessation du transport, c'est le repos. Ainsi, le
mouvement et le repos ne sont rien que deux diverses façons
dans les corps où ils se trouvent. Et il ne faut pas plus
d'action pour le mouvement que pour le repos [3].

De ce qui précède, il résulte que Descartes rejette la définition vulgaire du mouvement, le *changement de lieu*, et lui
substitue la contiguïté matérielle. Aristote avait fait de
même.

8° Ainsi que le remarque M. Louis Lange, avant Descartes, la loi de réciprocité phoronomique n'a jamais été
énoncée plus radicalement. Sans doute, on savait, Galilée
tout le premier, que tout mouvement perceptible supposait un
objet de comparaison; mais que ce rapport lui-même fût
réversible, c'est Descartes qui l'a énoncé le premier [4]. De
tous les essais de réfutation tentés contre cette loi, aucun n'a
réussi.

Constatons, en passant, que, pour Descartes, la première

---

1. Descartes. *Principes de la philosophie*, IIe partie.
2. *Ibid.*
3. *Ibid.*
4. Louis Lange. *Ouv. cit.*

loi de la nature, c'est que chaque chose persiste, autant qu'elle peut, à demeurer au même état où elle se trouve.

C'est en cela que consiste la *force de chaque corps* pour agir ou pour résister [1]. C'est en somme, l'application du principe de *continuité qualitative*.

7. On peut faire plusieurs objections à la théorie du mouvement du géomètre français. Présentons-en quelques-unes :

A. — Descartes ne veut pas identifier le mouvement vrai ou particulier au *changement de place* ; mais son mouvement reposant sur la contiguïté matérielle ne diffère pas de celui d'Aristote, ainsi que le remarque M. L. Lange, si ce n'est par la condition que la « matière voisine » doit être considérée comme immobile.

B. — Le mouvement particulier de Descartes constitue un rapport qui ne peut être généralisé. Comment, par exemple, reconnaître les rapports des planètes entre elles, si chacune d'elles est rapportée à sa propre atmosphère ? Aussi, Descartes, dans sa représentation de l'univers, a-t-il recours à la notion vulgaire du mouvement.

C. — Descartes a apporté certaines restrictions à sa loi de réciprocité phoronomique, dans le cas où son application conduirait à des contradictions choquant le sens commun. Ainsi, sur terre, si un transport de matière se fait vers l'est, on ne peut, d'après Descartes, conclure que la terre tourne vers l'ouest ; car, en même temps, il pourrait y avoir un second transport allant, lui, vers l'ouest, ce qui obligerait la terre à tourner à la fois en deux sens opposés. Il est visible qu'ici Descartes s'appuye sur la notion vulgaire de

---

1. Descartes. *Ouv. cit.*

mouvement alors que, d'après sa définition scientifique, le mouvement de la terre dans deux sens différents n'a rien d'absurde.

D. — M. L. Lange reproduit une objection de Henry More que nous résumons comme suit : pour Descartes, les parties intérieures d'un corps se meuvent « *par participation* », si le corps est en mouvement particulier dans son ensemble. Cependant, elles ne changent ni leur *place intérieure*, ni leur *place extérieure*. Donc, elles ne sont pas en mouvement, ni dans le « *sens vulgaire* », ni dans le « *sens particulier*[1] ».

E. — Si l'on se souvient que, pour Descartes, la matière est caractérisée par l'*étendue*, on ne sera nullement surpris que sa définition du mouvement soit dépourvue de toute *vertu dynamique*.

F. — Pour Descartes, la surface de séparation du corps enveloppé d'avec le corps environnant n'appartient à aucun de ces deux corps; elle est seulement déterminée par ses *dimensions* et sa *forme*. Mais cela ne suffit évidemment pas. M. L. Lange écrit avec beaucoup de raison : « on ne dit pas, par exemple, d'un navire que le fleuve entraîne en avant et que le vent repousse avec la même vitesse en arrière, qu'il change de place, bien que l'eau et l'air environnants ne restent pas continuellement les mêmes[2]. » Pour se prononcer dans ce cas, il faut que la surface de séparation soit *rapportée* au rivage. A la vérité, Descartes dit lui-même que la place extérieure d'un corps peut se rapporter à un corps quelconque considéré. Plus loin, il précise davantage en disant que le transport se fait du voisinage de corps environnants, *non à*

1. L. Lange. *Ouv. cit.*
2. *Ibid.*

volonté, mais *de tels corps considérés comme étant en repos* [1].

G. — Non seulement l'idée cartésienne qui fait consister le mouvement dans l'*éloignement d'un corps d'autres corps* n'est plus admise aujourd'hui, mais la conception même du mouvement d'après Descartes est également rejetée. Ainsi, pour lui, le mouvement n'est pas une *qualité réelle de la matière*, mais seulement un *mode*, comme la figure. « Je n'attribue point plus de réalité au mouvement, écrit Descartes, ni à toutes ces autres variétés de la substance qu'on nomme des *qualités*, que communément les philosophes en attribuent à la figure, laquelle ils ne nomment pas qualitatem realem, mais seulement modum... Or, le mouvement n'étant point une qualité réelle, mais seulement un mode, on ne peut concevoir qu'il soit autre chose que le changement par lequel un corps s'éloigne de quelques autres, et dans lequel il n'y a que deux propriétés à considérer : l'une qu'il se peut faire plus ou moins vite, l'autre qu'il se peut faire vers divers côtés [2]. »

Cependant Descartes aura l'éternel honneur d'avoir donné au mouvement l'importance qu'il mérite et appelé sur ce concept l'attention des mathématiciens comme des philosophes.

7. NEWTON. — Avec Newton, nous avons l'unité de l'espace immatériel, l'espace absolu.

Dans sa définition du *mouvement réel*, Newton fait intervenir un facteur nouveau, le *temps*. Voici comment il définit les divers éléments du problème :

---

1. L. Lange. *Ouv. cit.*

2. *Œuvres complètes de Descartes*. publiées par Victor Cousin, t. IX. Lettre au R. P. Mersenne.

I. — « Le temps absolu, vrai et mathématique, sans relation à rien d'extérieur, coule uniformément et s'appelle durée [1]. »

« Le temps relatif apparent et vulgaire, est cette mesure sensible et externe d'une partie de durée quelconque (égale ou inégale) prise du mouvement : telles sont les mesures d'*heures*, de *jours*, de *mois*, et dont on se sert ordinairement à la place du temps vrai [2]. »

II. — « L'espace absolu, sans relation aux choses externes, demeure toujours similaire et immobile [3]. »

« L'espace relatif est cette mesure ou dimension mobile de l'espace absolu, laquelle tombe sous nos sens par sa relation aux corps, et que le vulgaire confond avec l'espace immobile [4]. »

« L'espace absolu et l'espace relatif sont les mêmes d'espèce et de grandeur ; mais ils ne le sont pas toujours de nombre ; car, par exemple, lorsque la terre change de place dans l'espace, l'espace qui contient notre air demeure le même par rapport à la terre, quoique l'air occupe nécessairement les différentes parties de l'espace par lesquelles il passe, et qu'il en change réellement sans cesse [5]. »

III. — « Le lieu est la partie de l'espace occupé par un corps, et par rapport à l'espace, il est ou relatif ou absolu [6]. »

« Je dis que le lieu est une partie de l'espace, et non pas simplement la situation du corps, ou la superficie qui l'entoure.

1. Newton. *Principes mathématiques de philosophie naturelle.*
2. *Ibid.*
3. *Ibid.*
4. *Ibid.*
5. *Ibid.*
6. *Ibid.*

« De même que le mouvement ou la translation du tout hors de son lieu est la somme des mouvements ou des translations des parties hors du leur : ainsi le lieu du tout est la somme des lieux de toutes les parties, et ce lieu doit être interne, et être dans tout le corps entier[1]. »

IV. — « Le mouvement absolu est la translation des corps d'un lieu absolu dans un autre lieu absolu, et le mouvement relatif est la translation d'un lieu relatif dans un autre lieu relatif; ainsi dans un vaisseau poussé par le vent, le lieu relatif d'un corps est la partie du vaisseau dans laquelle ce corps se trouve, ou l'espace qu'il occupe dans la cavité du vaisseau ; et cet espace se meut avec le vaisseau; et le repos relatif de ce corps est la permanence dans la même partie de la cavité du vaisseau. Mais le repos vrai du corps est la permanence dans la partie de l'espace immobile, où l'on suppose que se meut le vaisseau et tout ce qu'il contient. Ainsi, si la terre était en repos, le corps qui est dans un repos relatif dans le vaisseau, aurait un mouvement vrai et absolu, dont la vitesse serait égale à celle qui emporte le vaisseau sur la surface de la terre ; mais la terre se mouvant dans l'espace, le mouvement vrai et absolu de ce corps est composé du mouvement vrai de la terre dans l'espace immobile, et du mouvement relatif du vaisseau sur la surface de la terre; et si le corps avait un mouvement relatif dans le vaisseau, son mouvement vrai et absolu serait composé de son mouvement relatif dans le vaisseau, du mouvement relatif du vaisseau sur la terre, et du mouvement vrai de la terre dans l'espace absolu. Quant au mouvement relatif de ce corps sur la terre, il serait formé

1. Newton. *Principes mathématiques de philosophie naturelle.*

dans ce cas de son mouvement relatif dans le vaisseau et du mouvement relatif du vaisseau sur la terre [1]... »

Ainsi, pour Newton, le temps absolu, l'espace absolu et le mouvement absolu ont une existence réelle.

Newton admettait la loi d'inertie comme un dogme. Le mouvement le plus simple, pour un corps abandonné à lui-même dans l'espace absolu, est le mouvement rectiligne à vitesse constante.

La loi d'inertie n'est plus admise aujourd'hui comme un axiome. Nous avons vu, comment M. Poincaré a ramené cette loi à de justes proportions [2].

Newton admet que le centre de gravité du monde se trouve en repos dans l'espace absolu, et c'est à cet espace qu'il rapporte la loi d'inertie. De plus, il conclut de ses calculs et de ses observations, que les étoiles du firmament sont en repos dans l'espace absolu. Or, on sait qu'on a découvert en 1718 le mouvement propre des étoiles fixes [3].

8. — Les temps et les espaces, pour Newton, « n'ont pas d'autres lieux qu'eux-mêmes, et ils sont les lieux de toutes les choses. Tout est dans le temps, quant à l'ordre de la succession ; tout est dans l'espace, quant à l'ordre de la situation. C'est là ce qui détermine leur essence, et il serait absurde que les lieux primordiaux se mûssent. Ces lieux sont donc les lieux absolus, et la seule translation de ces lieux fait les mouvements absolus [4]. »

Mais notre intelligence ne peut comprendre des entités

1. Newton. *Principes mathématiques de philosophie naturelle.*
2. Voir liv. IV, IIe partie, chap. ii.
3. V. L. Lange. *Ouv. cit.*
4. Newton. *Ouv. cit.*

absolues. Comment donc opérer dans la pratique ? Voici ce que dit encore Newton : « Comme les parties de l'espace ne peuvent pas être vues ni distinguées les unes des autres par son sens, nous y suppléons par des mesures sensibles. Ainsi nous déterminons les lieux par les positions et les distances à quelque corps que nous regardons comme immobile, et nous mesurons ensuite les mouvements des corps par rapport à ces lieux ainsi déterminés : nous nous servons donc des lieux et des mouvements relatifs à la place des lieux et des mouvements absolus ; et il est à propos d'en user ainsi dans la vie civile ; mais dans les matières philosophiques, il faut faire abstraction des sens ; car il se peut faire qu'il n'y ait aucun corps véritablement en repos, auquel on puisse rapporter les lieux et les mouvements [1]. »

9. LES PROPRIÉTÉS. — Le repos relatif et le repos absolu ; le mouvement relatif et le mouvement absolu, sont distingués par Newton, par leurs *propriétés*, leurs *causes* et leurs *effets*.

« La propriété du repos est que les corps véritablement en repos y sont les uns à l'égard des autres [2]. »

Remarquons, en passant, que, si l'on écarte l'hypothèse hasardée du repos absolu du centre de gravité du monde, les règles de Newton ne permettent pas de distinguer si, dans l'espace absolu, un corps est en repos ou en mouvement rectiligne uniforme.

« La propriété du mouvement, ajoute-t-il encore, est que les parties qui conservent des positions données par rapport aux touts participent aux mouvements de ces touts ; car si

1. Newton. *Ouv. cit.*
2. *Ibid.*

un corps se meut autour d'un axe, toutes ses parties font effort pour s'éloigner de cet axe, et s'il a un mouvement progressif, son mouvement total est la somme des mouvements de toutes ses parties. De cette propriété, il suit que si un corps se meut, les corps qu'il contient et qui sont par rapport à lui dans un repos relatif, se meuvent aussi ; et par conséquent le mouvement vrai et absolu ne saurait être défini par là translation du *voisinage des corps extérieurs* que l'on considère comme en repos [1]. Il faut que les corps extérieurs soient non seulement regardés comme en repos, mais qu'ils y soient véritablement... Les corps ambiants sont à ceux qu'ils contiennent, comme toutes les parties extérieures d'un corps sont à toutes les parties intérieures, ou comme l'écorce est au noyau. Or l'écorce étant mue, le noyau se meut aussi, quoiqu'il ne change point sa situation par rapport aux parties de l'écorce qui l'environnent.

« Il suit de cette propriété du mouvement qu'un lieu étant mû, tout ce qu'il contient se meut aussi, et par conséquent qu'un corps qui se meut dans un lieu mobile, participe au mouvement de ce lieu. Tous les mouvements qui s'exécutent dans des lieux mobiles ne sont donc que les parties des mouvements entiers et absolus. Le mouvement entier et absolu d'un corps est composé du mouvement de ce corps dans le lieu où on le suppose, du mouvement de ce lieu dans le lieu où il est placé lui-même, et ainsi de suite jusqu'à ce qu'on arrive à un lieu immobile [2]. »

On pourrait formuler cette loi de Newton, en disant que le mouvement absolu d'un corps est égal à la résultante de tous

1. C'est la thèse de Descartes que rencontre ici Newton.
2. Newton, *Ouv. cit.*

les mouvements relatifs de ce corps en remontant ainsi jusqu'à ce qu'on arrive à un lieu immobile. Newton dit encore pour préciser sa pensée : « Ainsi les mouvements entiers et absolus ne peuvent se déterminer qu'en les considérant dans un lieu immobile, et les mouvements relatifs à un lieu mobile. Il n'y a de lieux immobiles que ceux qui conservent à l'infini dans tous les sens leurs situations respectives ; et ce sont ces lieux qui constituent l'espace que j'appelle immobile [1]. »

10. LES CAUSES. — « Les causes par lesquelles on peut distinguer le mouvement vrai du mouvement relatif sont les forces imprimées dans les corps pour leur donner le mouvement : car le mouvement vrai d'un corps ne peut être produit ni changé que par des forces imprimées à ce corps même ; au lieu que son mouvement relatif peut être produit et changé, sans qu'il éprouve l'action d'aucune force : il suffit qu'il y ait des forces qui agissent sur les corps par rapport auxquels on les considère... Ainsi le mouvement relatif peut changer, tandis que le mouvement vrai et absolu reste le même, et il peut se conserver aussi, quoique le mouvement absolu change ; il est donc sûr que le mouvement absolu ne consiste point dans ces sortes de relations [2]. »

11. LES EFFETS. — « Les effets par lesquels on peut distinguer le mouvement absolu du mouvement relatif, sont les forces qu'ont les corps qui tournent pour s'éloigner de l'axe de leur mouvement ; car dans le mouvement circulaire purement relatif, ces forces sont nulles, et dans le mouvement

1. Newton. *Ouv. cit.*
2. *Ibid.*

circulaire vrai et absolu elles sont plus ou moins grandes, selon la quantité de mouvement [1]. »

A cette occasion, Newton cite l'exemple d'un seau d'eau suspendu à l'extrémité d'un fil animé d'un mouvement rotatoire, et il conclut que le mouvement circulaire vrai de l'eau est en raison inverse de son mouvement relatif. « Le mouvement vrai circulaire de tout corps qui tourne est, observe-t-il, unique, et il répond à un seul effort qui est sa mesure naturelle et exacte ; mais les mouvements relatifs sont variés à l'infini, selon toutes les relations aux corps extérieurs ; et tous ces mouvements qui ne sont que des relations, n'ont aucun effet réel, qu'en tant qu'ils participent du mouvement vrai et unique [2]. »

Dans cet exemple, si l'on fait abstraction de la notion vulgaire de mouvement, on peut considérer le mouvement relatif de l'eau par rapport au seau comme aussi réel que tout autre. Quant à la force centrifuge de l'eau, elle résulte de la loi d'inertie rapportée par Newton à l'espace absolu et admise *a priori;* son action n'a donc de valeur absolue que dans les limites où elle est vraie elle-même.

12. — Newton fait cette réflexion qui est à méditer : « Il faut avouer qu'il est très difficile de connaître le mouvement vrai de chaque corps et de le distinguer actuellement des mouvements apparents, parce que les parties de l'espace immobile dans lesquelles s'exécutent les mouvements vrais ne tombent pas sous nos sens [3]. » Mais revenons à la doctrine de Newton.

1. Newton. *Ouv. cit.*
2. *Ibid.*
3. *Ibid.*

13. — Pour étayer cette dernière, Newton prend un autre cas : « Si, par exemple, dit-il, deux globes attachés l'un à l'autre par le moyen d'un fil de longueur donnée viennent à tourner autour de leur centre commun de gravité, la tension du fil fera connaître l'effort qu'ils font pour s'écarter du centre du mouvement, et donnera par ce moyen la quantité du mouvement circulaire. Ensuite, si en frappant ces deux globes en même temps, dans des sens opposés, et avec des forces égales, on augmente ou on diminue le mouvement circulaire, on connaîtra par l'augmentation ou la diminution de la tension du fil, l'augmentation ou la diminution du mouvement.

« On parviendrait de même à connaître la quantité et la détermination de ce mouvement circulaire dans un vide quelconque immense, où il n'y aurait rien d'extérieur ni de sensible à quoi on pût rapporter le mouvement de ces globes [1]. »

On peut remarquer que le mouvement des boules n'est pas rapporté, *dans l'expérience*, à l'espace absolu, le seul où la loi d'inertie est considérée par Newton comme absolument vraie. D'un autre côté, cette loi d'inertie n'est applicable qu'au mouvement réel. En tirant des conséquences d'un exemple qui suppose déjà cette loi, on admet donc implicitement l'existence du mouvement absolu et sa reconnaissance qu'on veut prouver. Aussi, d'illustres mathématiciens, Leibniz, entre autres, n'ont-ils pu accepter, comme probante, la nouvelle démonstration donnée par Newton. Quant à la dernière citation de Newton, celle où les deux sphères se meuvent dans un vide immense, ce cas échappe à l'expérience et n'a plus qu'une valeur théorique.

1. Newton. *Ouv. cit.*

14. — Newton en poursuivant son étude du mouvement, était toujours préoccupé de la gravitation universelle de la matière y compris les étoiles *fixes*. Il arriva donc naturellement à imaginer *l'espace réel et immatériel*, c'est-à-dire l'espace absolu. Telle est la base de sa dynamique. Fait nouveau que nous avons déjà relevé, il fait intervenir le *temps* dans la définition du mouvement réel. Quant à la loi d'inertie, c'était pour ce profond génie, un grand principe qui dominait l'univers entier, et non une simple hypothèse, comme on l'admet aujourd'hui. C'est que Newton, esprit religieux, s'en référait volontiers à la cause créatrice première. On lui attribue ces paroles : « La nature ne fait rien sans but, et une chose qui pourrait se faire par peu de moyens et qui est faite par plusieurs est faite sans but [1]. » Le principe de simplicité l'a peut-être conduit à la loi d'inertie, car le mouvement le plus simple pour un corps abandonné à lui-même est le mouvement rectiligne à vitesse constante.

Pas n'est besoin de dire, pensons-nous, que le principe de simplicité, qu'il soit téléologique ou simplement méthodologique, est une arme démodée aujourd'hui. Enfin, le repos du centre de gravité du monde est une hypothèse qui n'est plus admise. Dans ces conditions, il n'est pas possible de distinguer, dans l'*espace absolu*, d'après les règles de Newton, si un corps est en repos ou en mouvement rectiligne uniforme.

Des tentatives ont été faites pour expliquer le *mouvement absolu* de Newton. Ainsi, on a dit qu'il fallait entendre par « mouvement absolu » le mouvement qui n'était pas relatif. Mais cette solution, très discutable en logique, privait de son

---

1. L. Lange. *Ouv. cit.*

caractère dynamique le mouvement absolu de Newton. On sait que pour la cinématique, la différence entre le mouvement absolu et le mouvement relatif est sans valeur ; mais il en est autrement pour la dynamique.

De Copernic à Newton, la tendance toujours plus accentuée de séparer, dans la théorie, le mouvement d'avec la matière, a été un grand progrès, en comparaison de la définition matérialiste d'Aristote et de Descartes. Ajoutons qu'à partir de Newton, le concept de mouvement ne se développe plus avec l'astronomie, mais avec la mécanique.

15. Leibniz. — Pour Leibniz, le mouvement *abstrait* est le mouvement purement géométrique ; le mouvement *concret* est le mouvement comme phénomène réel[1].

Le premier mouvement peut être à la rigueur considéré comme phoronomique ; mais le second est-il dynamique ? C'est ce qui ne ressort pas de la définition vague que nous venons de rappeler. Cette définition semble même trahir les incertitudes qu'avait Leibniz à propos des questions relatives au mouvement vrai et au mouvement apparent.

M. L. Lange estime qu'il est probable que Leibniz a été amené à des considérations plus profondes sur le mouvement, par ses relations à Paris avec Ch. Huygens[2]. Les lettres échangées entre ces deux puissants génies tendent, en effet, à confirmer cette opinion. En tous cas, Leibniz comme Huygens, après avoir admis les idées de Newton sur le caractère démonstratif de la force centrifuge, ont abandonné l'un et l'autre la théorie de Newton.

1. L. Lange. *Ouv. cit.*
2. *Ibid.*

Leibniz reconnaît l'exactitude de l'axiome de la réciprocité, mais il rejette l'idée d'un espace absolu. Pour lui, l'espace et le temps sont des formes de la relation de l'ordre [1].

Dans ses études sur le mouvement, Leibniz fait intervenir un élément nouveau, l'énergie. Pour l'illustre géomètre, il y a dans la nature autre chose que de la géométrie : il y règne un principe plus élevé qui est l'énergie. Si l'énergie est quelque chose de réel, elle doit avoir un sujet, une incarnation.

En somme, l'énergie remplit dans la téléologie dynamique de Leibniz le même rôle que l'espace et le temps absolus dans celle de Newton.

Sans doute, le monde n'est pas que géométrique, il est de plus et surtout un vaste dynamisme. Mais Leibniz parvient-il, au moyen de l'énergie, à tourner la difficulté du mouvement absolu de Newton ? Nous ne pensons pas.

16. — Pourquoi ? Parce que l'énergie ne nous est pas donnée directement, pas plus que la *force*, d'ailleurs. C'est donc un cercle vicieux, comme le remarque M. L. Lange [2], de conclure des énergies aux mouvements réels, indépendamment de la relativité extérieure.

Cette déduction abusive ne porte d'ailleurs aucun préjudice à l'existence des mouvements réels que nous déduisons logiquement de l'existence des mouvements relatifs, sans l'intervention de la *force* ou de l'*énergie*. Au surplus, Leibniz considère comme absurde la supposition qu'il n'y a pas de mouvements réels et que seuls les mouvements relatifs sont existants.

1. L. Lange. *Ouv. cit.*
2. *Ibid.*

17. — Leibniz, qui s'est occupé toute sa vie du mouvement, a varié dans ses idées sur le mouvement absolu et le
mouvement relatif. A l'origine, il a pensé comme Newton que
la force centrifuge trahissait l'existence des mouvements
absolus. Puis, il a attribué cette connaissance à l'énergie. Une autre fois, ainsi que le remarque M. L. Lange [1],
il décide la question en invoquant le principe métaphysique
téléologique de la simplicité. Enfin, il paraît se baser
sur le même principe, mais considéré comme purement
méthodologique ; il dit alors que ce serait une convention
de nommer *vraie* l'hypothèse la plus simple et la plus commode [2].

18. PASCAL. — Dans son étude sur *l'esprit géométrique*,
Pascal s'occupe accessoirement du mouvement qu'il prend
dans son sens ordinaire ou intuitif. Il écrit que la géométrie
« ne peut définir ni le mouvement, ni les nombres, ni l'espace...
Elle suppose donc que l'on sait quelle est la chose qu'on entend par ces mots, mouvement, nombre, espace ; et, sans
s'arrêter à les définir inutilement, elle en pénètre la nature et
en découvre les merveilleuses propriétés [3]. » Pascal écrit encore : « On ne peut imaginer de mouvement sans quelque
chose qui se meuve ; et cette chose étant une, cette unité est
l'origine de tous les nombres ; et enfin le mouvement ne pouvant être sans espace, on voit ces trois choses enfermées dans
la première. Le temps même y est aussi compris : car le
mouvement et le temps sont relatifs l'un à l'autre ; la prompti-

1. L. Lange. *Ouv. cit.*
2. *Ibid.*
3. Pascal. *Œuvres complètes*. Paris, Hachette, 1858.

tude et la lenteur qui sont les différences des mouvements, ayant un rapport nécessaire avec le temps. »[1]

On doit regretter que ce grand génie n'ait pas approfondi la question du mouvement et ne l'ait étudiée qu'au point de vue géométrique.

19. CHR. HUYGENS. — Huygens, qui s'était beaucoup occupé de la force centrifuge, estimait, avec Newton, qu'au moyen de cet élément on pouvait reconnaître les mouvements absolus. Plus tard, cependant, il a abandonné cette idée de Newton.

Huygens est arrivé à considérer le mouvement dans son essence intime, comme quelque chose de réciproque ; il rejette l'hypothèse de Descartes sur la contiguité. Dans une lettre à Oldenburg, Huygens indique bien sa pensée relativement au mouvement. Il écrit : « Pour ce qui est de la supposition d'un seul corps dans tout le monde, je dis qu'on ne pourrait considérer ni du mouvement ni du repos dans ce corps, parce qu'il n'y aurait rien à quoi le rapporter. Et s'il ne veut pas m'accorder que le mouvement et le repos ne se peuvent considérer que relativement, je le prie de me dire et de définir ce que c'est l'un ou l'autre, à les prendre *absolute* et sans relation. [2] »

Notons, en passant, que Huygens rejette le principe de la *moindre action* qu'il qualifie de « pitoyable axiome. [3] »

20. — Huygens admettait l'existence du mouvement réel,

1. Pascal. *Œuvres complètes*, Paris, Hachette, 1858.
2. *Œuvres complètes de Chr. Huygens*, publiées par la Société hollandaise des sciences, t. VI, p. 514.
3. *Ibid.*, t. IV, p. 71.

absolu. Dans une lettre écrite à Leibniz et que nous empruntons à M. L. Lange, il dit : « Je vous communique seulement que ce qui m'a frappé dans vos remarques sur Descartes, c'est votre opinion de considérer comme hypothèse absurde la supposition qu'il n'y a pas de mouvement réel mais simplement relatif. Je considère donc ceci comme tout à fait certain, sans vouloir m'arrêter aux considérations et aux expériences de M. Newton dans ses principes de philosophie [1]. »

Dans une autre lettre à Leibniz, Huygens maintient le principe de la réciprocité. Écoutons-le encore : « Quant au mouvement absolu et relatif, j'admire votre mémoire qui vous a rappelé que j'ai été d'accord avec M. Newton sur le mouvement rotatoire. Cela est exact, et c'est seulement depuis deux ou trois ans, que j'ai trouvé ce qui répond le plus à la vérité et dont vous n'êtes plus loin je suppose ; abstraction faite de ce que vous prétendez que parmi plusieurs corps en mouvement relatif l'un envers l'autre, chacun a un certain degré de mouvement ou d'énergie réelle, opinion que je ne partage pas [2]. »

On ne peut que se ranger ici à l'opinion de Huygens. Il y a plus encore : c'est qu'un corps animé d'un mouvement réel peut avoir en même temps une infinité de mouvements relatifs.

21. EULER. — Euler a souvent varié dans ses idées sur *l'espace absolu*. Il estime cependant qu'il est peu important de savoir si cet espace existe ou non ; il est préférable de faire abstraction du monde réel et d'admettre un espace vide et infini contenant tous les corps matériels.

1. L. Lange. *Ouv. cit.*
2. *Ibid.*

À la vérité, on peut se représenter une infinité de ces espaces animés même de mouvements opposés et ne jouant pas nécessairement le même rôle au point de vue dynamique. D'ailleurs, cet espace indépendant du monde réel manque de précision, observe avec raison M. L. Lange [1]. Euler n'avait pas attendu la critique, pour s'en apercevoir ; il a cherché à établir l'existence d'un tel espace. Voici comment. D'abord, il démontre *a priori* la loi d'inertie ; puis il conclut de cette loi l'existence de l'espace en question, parce que c'est dans l'espace absolument vide qu'un corps peut être abandonné à lui-même. L'argumentation repose donc sur la loi d'inertie.

Comment Euler démontra-t-il cette loi ? En considérant d'abord un corps *isolé* en *repos absolu*, puis ce même corps en *mouvement absolu* [2]. Mais cette façon de raisonner suppose déjà l'espace dont on cherche à établir l'existence. En second *lieu*, comme l'observe M. L. Lange, un corps isolé c'est un point matériel, donc une fiction dynamique, comme le point en géométrie est une fiction géométrique ; on ne peut établir la loi d'inertie sur une fiction [3].

Euler, dans son argumentation, avance qu'un corps isolé est en repos ou en mouvement, car il ne peut être en même temps dans les deux états, et il est impossible qu'il ne se trouve dans aucun de ceux-ci. Au point de vue élevé où nous nous plaçons, cette énonciation n'est pas valable ; le corps en question n'existe pas, car il ne peut être en même temps appréhendé ni par l'esprit ni par l'expérience.

22. Euler insiste sur la différence fondamentale qui existe

1. L. Lange. *Ouv. cit.*
2. *Ibid.*
3. *Ibid.*

entre le repos vrai, absolu, et le repos apparent ou relatif. Il écrit : « le vrai repos est, lorsqu'un corps demeure constamment dans le même lieu, non par rapport à la terre, mais par rapport à l'univers[1]. » Voici maintenant comment l'illustre géomètre définit le mouvement. « Le mouvement est le passage d'un lieu dans un autre ; et lorsqu'un corps passe d'un lieu dans un autre, on dit qu'il est en mouvement[2]. » Il s'agit évidemment ici du *lieu absolu* et du *mouvement absolu*. Euler considère donc le mouvement vrai comme un changement de lieu. Mais d'une relation géométrique, dirons-nous avec M. L. Lange[3], on ne peut tirer de conclusions dynamiques, si l'on ne connaît au préalable, le caractère dynamique du système auquel le mouvement est rapporté. On sait, en effet, que deux mouvements équivalents au point de vue géométrique, peuvent ne pas l'être au point de vue dynamique.

23. Euler a reconnu que c'était une abstraction fort douteuse, de vouloir rapporter le mouvement à un espace absolu. Il est d'autant plus inutile d'insister que ce point n'est plus en discussion aujourd'hui.

Il émet encore cette idée juste qu'un seul corps peut avoir à la fois une infinité de mouvements relatifs ; et que, dans l'hypothèse où le mouvement d'un corps est rapporté à un objet fixe, il y a concordance entre le mouvement absolu et le mouvement relatif.

Relativement à la loi d'inertie, Euler remarque qu'elle ne

1. Euler. Lettre LXXI.
2. Euler. Lettre LXXII.
3. L. Lange. *Ouv. cit.*

s'applique qu'aux mouvements absolus et aux mouvements relatifs par rapport aux corps immobiles dans l'espace absolu, ou animés d'un mouvement rectiligne uniforme. Pour lui, en effet, en prenant comme base les lois du mouvement, il est impossible d'établir une différence dynamique entre le repos absolu et la translation rectiligne uniforme.

24. KANT. — Kant a commencé par considérer *l'espace absolu* comme une hypothèse inexplicable et, par conséquent, sans utilité pour la théorie du mouvement. Plus tard, il semble avoir reconnu la nécessité de *l'espace absolu*, tout en le regardant encore comme inconcevable. Il a même cherché à en démontrer l'existence par des raisons stéréométriques et dynamiques.

Mais qu'entend Kant par espace absolu ? C'est l'ensemble d'une infinité d'espaces en mouvement et s'enveloppant. C'est plutôt la limite extérieure de tous ces espaces. L'espace absolu est donc immatériel et en repos.

N'étant objet ni de perception ni d'expérience, comment donc y supposer un mouvement ? En prenant un *espace relatif quelconque* qui peut être étendu au delà de tout espace donné.

L'espace de Kant est distinct des phénomènes extérieurs, mais pas de l'esprit. Il ne contient que des sensations, les phénomènes des réalités. Pour Kant, les conditions de cet espace s'imposent à toutes nos connaissances objectives. Comme il existe une infinité d'êtres sentants, il existe une infinité d'espaces dans lesquels chacun de ces êtres enveloppe ses sensations. L'espace absolu devient l'*espace-idée*. On le savait. Remarquons que Kant, dans sa notion d'espace, s'est séparé de Descartes et de Leibniz.

Kant avait bien compris que des lois déterminées du mouvement ne pouvaient pas s'appliquer à son espace absolu ; aussi, veut-il que la *perception du mouvement* se fasse toujours indépendamment de l'*espace absolu*, dans l'*espace subjectif*. Il écrit : « l'espace n'est pas un concept empirique dérivé d'intuitions extérieures... D'où il suit que la représentation de l'espace ne peut dériver des rapports du phénomène extérieur par l'expérience, mais que l'expérience elle-même n'est possible que par cette représentation [1]. » Il dit encore : « L'espace est une représentation nécessaire *a priori* qui sert de fondement à toutes les intuitions extérieures [2]. »

25. — Kant définit comme suit la loi d'inertie : Tout changement de la matière a une cause extérieure ; ou encore : Tout corps reste en repos ou en mouvement rectiligne uniforme, s'il n'y a pas de cause extérieure qui le force à quitter cet état.

Cette loi, pour Kant, est d'une certitude absolue, car elle est une conséquence du principe de la *raison suffisante*.

On peut remarquer que Kant ne parle pas de *force* dans sa définition, élément que Newton avait introduit dans la sienne.

De ce qui est dit plus haut, pour le mouvement, il faut extérioriser la *cause*, dans l'expérimentation.

26. — Kant considère le mouvement rectiligne uniforme comme n'étant pas un changement et n'exigeant pas, en conséquence, l'intervention d'une cause extérieure. On sait que

1. Kant. *Esthétique transcendentale.*
2. *Ibid.*

c'est là une convention admise en mécanique rationnelle, simplement parce qu'elle est plus commode que toute autre. Ainsi,
en arithmétique, on admet que l'unité n'est pas un nombre.

Il existe donc un certain mouvement qui n'est pas un
changement et qui ne peut pas être synthétisé sous le nom
de *force*. Soit. Képler, lui, nous l'avons déjà dit, voulait que
le mouvement rectiligne uniforme impliquât la force. Kant
appuye son opinion sur cette considération que les mouvements rectilignes uniformes sont purement relatifs ; mais
cette raison ne peut être admise. « Kant, dit M. Paul Tannery, s'appuye pour rejeter *a priori* une pareille conception[1]
sur ce point que nous devons considérer les mouvements rectilignes uniformes comme purement relatifs, et qu'il est
absurde de parler, au point de vue empirique, d'un repos ou
d'un mouvement absolu. Mais c'est confondre le cinématique
avec le dynamique[2]. »

27. — Kant, on vient de le voir, veut que les mouvements
rectilignes uniformes soient simplement relatifs. Mais nous
demanderons avec M. L. Lange[3] : relatifs, par rapport à quoi ?
Par rapport à quel espace donné ? Certainement, par rapport
à n'importe quel espace. Mais la chose n'est pas possible, si,
avec Kant, on admet la rotation des espaces donnés.

28. — Kant considère le mouvement « comme un changement » des relations extérieures d'un objet avec un espace
donné[4]. Il faut, d'après Kant, que cet espace soit donné, qu'il

1. Celle de Képler.
2. Paul Tannery. Théorie de la matière d'après Kant. *Revue philosophique*, 1885.
3. L. Lange. *Ouv. cit.*
4. *Ibid.*

soit matériel et accessible à la sensation. Naturellement, cet espace peut être rapporté à un autre espace qui l'entoure et, ainsi de suite, à l'infini. Cet espace limite est, nous l'avons vu, l'espace absolu de Kant. Un tel espace ne peut donner lieu à des lois déterminées du mouvement. Aussi, Kant veut-il que la perception du mouvement se fasse indépendamment de l'espace absolu.

29. — Pour la réciprocité du mouvement, Kant, d'après M. L. Lange, pose le principe suivant : « Tout mouvement qui est objet d'une perception possible peut être considéré, soit comme mouvement du corps dans l'espace immobile, soit comme repos du corps dans un espace animé d'un mouvement en sens opposé et de vitesse égale à celle du corps dans le premier cas [1]. » Ainsi pour Kant, dans le simple phénomène, le mouvement est réciproque. L'est-il toujours dans l'expérience ? Oui, répond Kant, dans le cas du mouvement rectiligne ; non, dans le cas du mouvement curviligne. Kant entre, à ce sujet, dans une démonstration assez longue que nous résumons comme suit :

a. — Le mouvement rectiligne est, on le sait, un changement continu des relations du corps avec *l'espace extérieur.*

b. — Le mouvement curviligne est un *changement continu* de ce changement.

c. — Il y a donc une cause extérieure — en vertu de la loi d'inertie — pour produire ce changement. Il y a donc une force motrice qui empêche le premier mouvement de suivre la tangente à la courbe produite.

1. L. Lange. *Ouv. cit.*

d. — Or, le mouvement de l'espace en sens opposé du mouvement du corps n'est que phoronomique et ne trahit pas l'existence d'une force motrice.

e. — Il y a donc ici un jugement disjonctif, c'est-à-dire que l'une des deux propositions suivantes étant admise, l'autre est exclue :

1. Mouvement du corps et espace en repos.

2. Mouvement de l'espace en sens inverse et corps en repos.

f. — Comme le mouvement de l'espace n'est que phoronomique et ne trahit pas l'existence d'une force, Kant le repousse et admet la première proposition. Il écrit : « Donc le mouvement circulaire d'un corps, à la différence du mouvement de l'espace est un mouvement réel ; donc le mouvement de l'espace, quoique équivalent en apparence avec le premier, est pourtant, dans la relation avec tous les phénomènes, c'est-à-dire avec l'expérience possible, en contradiction avec celui-ci ; donc le mouvement de l'espace n'est rien autre chose qu'une apparence [1]. »

Cette argumentation de Kant soulève plusieurs objections :

30. — 1° On pourrait discuter sur la question du jugement disjonctif ; mais acceptons, pour le moment, que les deux propositions ci-dessus énoncées s'excluent.

2° Avec M. Lange, nous demanderons à *quel point de repère* Kant rapporte son mouvement circulaire, car un mouvement qui est circulaire par rapport à un objet ou un point de repère ne l'est plus par rapport à d'autres objets possibles. Or, Kant est muet sur ce point important.

3° Pour Kant, le mouvement de l'espace n'a qu'un carac-

---

1. Voir pour cette citation : L. Lange. *Ouv. cit.*

tère phoronomique, alors que le mouvement du corps a un caractère dynamique. Il suit de là que les deux propositions émises ci-dessus sont *phoronomiquement* équivalentes, mais pas dynamiquement. Oui, mais à la condition que l'espace de Kant soit repéré.

4° De ce que les deux mouvements envisagés ne sont pas dynamiquement équivalents, de quel droit Kant décide-t-il que l'une des propositions étant acceptée, l'autre se trouve exclue ?

Et si l'antinomie des deux propositions était même admise, pourquoi donner la préférence au mouvement du corps sur le mouvement de l'espace ? Kant n'a-t-il pas défini le mouvement comme un phénomène purement phoronomique ?

5° Kant admet que le mouvement rectiligne uniforme n'est pas un changement. Mais le mouvement rectiligne non uniforme est, lui, un changement, donc il a un caractère dynamique. Raison de plus pour ne pas donner la préférence au mouvement du corps.

LIVRE V

LA FORCE

CHAPITRE PREMIER

1. — Les partisans de l'explication mécanique de l'univers sont l'objet de violentes attaques, quand ils affirment ne reconnaître nulle part l'existence de la force. Fait curieux, ils rencontrent parmi leurs détracteurs un écrivain philosophe qui n'appartient certainement pas à l'école spiritualiste, Mme Clémence Royer [1].

La force, pour ces critiques, existe en réalité ; elle n'est pas une création spéculative de l'esprit. Certains d'entre eux la conçoivent sous la forme d'un fluide matériel continu, compressible et dilatable. Pour d'autres, au contraire, la force serait un fluide immatériel. Le physicien allemand Philippe Spiller admet la substantialité indépendante de la *force* qu'il estime une *matière incorporelle*. Képler était excusable, au temps où il écrivait, de considérer la force comme une *espèce* immatérielle soutenant et transportant les planètes dans leurs trajectoires.

Leibniz admet que toute force est une substance, et toute substance une force. Les principes de toutes choses sont des

---

1. Voir : *La Constitution du monde,* par Mme Clémence Royer.

forces simples, irréductibles ; il les appelle des « monades ».

Bain conçoit la force comme « la notion la plus fondamentale de l'esprit humain ; dans l'ordre du développement, elle est contemporaine de l'idée de mouvement et de l'idée d'étendue, si même elle ne leur est pas antérieure. Elle ne peut être définie qu'à la façon des notions ultimes. Le sentiment que nous éprouvons quand nous dépensons notre énergie musculaire, soit en résistant, soit en produisant nous-mêmes le mouvement, est une expérience unique et irréductible [1]. » Bain dit encore : « Au fond, il n'y a qu'une seule expérience, bien que cette expérience comporte des circonstances diverses, à savoir : l'expérience du déploiement de la force musculaire pour produire le mouvement ou pour lui résister. A cette expérience, nous donnons les noms de force et de matière qui sont, non pas deux choses, mais une seule et même chose.... La matière est précisément ce qui donne lieu à l'expérience qu'on appelle aussi la force. La force n'est que de la matière en mouvement ou qui s'oppose au mouvement [2]. »

Retenons cette dernière phrase de l'éminent logicien anglais ; elle synthétise le mouvement.

On vient de voir que Bain se demande si la notion de force ne serait pas antérieure à l'idée de mouvement. Il s'agit vraisemblablement ici du mouvement objectif, car le mouvement interne ou musculaire a certainement formé l'idée anthropomorphique de la force. Dans les deux cas, d'ailleurs, la notion de force comme antérieure au mouvement, est absolument inexplicable. Sans la sensation et, par conséquent, sans l'idée de mouvement, non seulement on n'aurait pas cherché à

1. Bain. *Logique déductive et inductive.*
2. *Ibid.*

créer la force, mais les concepts de temps et d'espace nous seraient inconnus. Au surplus, pour Bain, la force est un concept logique ayant une origine ou une base psychologique.

Nous voilà déjà loin de la force entité substantielle.

2. — Pour Herbert Spencer, nous puisons également la conception de la force dans nos sensations de tension musculaire, sensations que nous généralisons et que nous objectivons. « Et ce n'est pas simplement, dit le philosophe anglais, parce que, dans les sciences et les arts, la résistance que nous attribuons aux objets est employée comme mesure de leur force motrice, et par conséquent est conçue par nous comme une force équivalente, mais c'est aussi parce que la résistance, telle que nous la révèlent nos sensations de tension musculaire forme la substance de notre conception de la force. Nous avons cette conception : c'est là un fait qu'aucune argutie métaphysique ne peut infirmer. Il est également hors de doute que nous devons penser la force nécessairement au moyen des termes fournis par notre expérience ; que nous devons construire ce concept à l'aide des sensations que nous avons reçues [1]. » Comme on voit, c'est encore là la notion anthropomorphique de la force.

3. Stuart Mill est du même avis que Spencer ; il écrit : « Puisque nous avons l'expérience d'un effort toutes les fois que nous mettons volontairement un objet en mouvement, quand il nous arrive de voir le même objet mû par le vent ou par tout autre agent, nous pensons que le vent surmonte le

____

1. Herbert Spencer. *Principes de psychologie*, t. II, chap. XVII.

même obstacle, et nous nous figurons qu'il dépense le même effort [1]. »

Laplace, très circonspect relativement au concept force, nous paraît synthétiser implicitement le mouvement sous le nom de force. Ecoutons l'illustre géomètre : « La nature de cette modification singulière, en vertu de laquelle un corps est transporté d'un lieu dans un autre, est, dit-il, et sera toujours inconnue ; on l'a désignée sous le nom de « force » ; on ne peut déterminer que ses effets et les lois de son action [2]. »

4. — A. Comte a fixé la nature de la force : « Il faut normalement conserver, écrit-il, en l'épurant, la conception des forces, spontanément instituée afin de considérer d'une manière abstraite l'influence des moteurs quelconques [3]. » Le chef de l'Ecole positiviste dit encore : « Regardées comme des mouvements actuels ou possibles, arbitrairement séparées des moteurs correspondants, les forces exigent une appréciation corrélative envers les corps qui doivent habituellement subir leur influence instantanée ou continue [4]. » Enfin, parlant de la mécanique, A. Comte précise comme suit sa pensée : « Etablie rationnellement, la mécanique a donc besoin que la matière y soit artificiellement traitée comme passive, en rapportant au dehors l'activité réellement émanée du dedans [5]. »

Ainsi, le grand philosophe français sépare par la pensée le mouvement de la matière, de son *support*, et le synthétise

1. Stuart Mill. *La philosophie de Hamilton*. La causalité.
2. Laplace. *Mécanique céleste*, liv. 1.
3. A. Comte. *Synthèse subjective*. Logique positive, t. 1.
4. *Ibid.*
5. *Ibid.*

sous le nom de force. Dans ces conditions, le concept force devient compréhensible.

5. — Taine, qui nous a déjà donné un si lumineux exposé du mouvement, n'est pas moins précis relativement à la force. Pour ce profond penseur, la force n'est qu'un résidu d'êtres chimériques créés par la philosophie scolastique. Parlant des entités diverses, il écrit : « Il n'y en a plus que deux aujourd'hui, le moi et la matière ; mais jadis il y en avait une légion ; alors, pendant l'empire avoué ou dissimulé de la philosophie scolastique, on imaginait, sous les événements, une quantité d'êtres chimériques, *principe vital, âme végétative, qualités occultes, forces plastiques, vertus spécifiques, affinités, appétits, énergies, archées,* bref un peuple d'agents mystérieux, distincts de la matière, liés à la matière et que l'on croyait indispensables pour expliquer ses transformations. Ils se sont évanouis peu à peu au contact de l'expérience... Dans le monde physique, comme dans le monde moral, la force est cette particularité que possède un fait d'être suivi constamment d'un autre fait... Ainsi dans le monde physique comme dans le monde moral, il ne reste rien de ce qu'on entend communément par *substance* et *force* ; tout ce qui subsiste, ce sont les événements, leurs conditions et leurs dépendances, les uns moraux ou conçus sur le type de la sensation, les autres physiques ou conçus sur le type du mouvement [1]. » Ainsi, pour Taine, la force n'a pas d'existence objective : c'est un concept logique.

6. — Delbœuf a une conception métaphysique de la force qui

1. Taine. *De l'Intelligence*, t. I, p. 384.

présente une certaine originalité. Nous devons nous y arrêter quelques instants. Le savant liégeois imagine une série d'univers, arithmétique, algébrique, géométrique et mécanique.

L'univers arithmétique se compose d'une collection de points égaux et indiscernables. Les points constitués en groupes et les rapports de ces groupes forment l'arithmétique [1].

L'univers algébrique se compose de « points quantités », qui ne sont pas équivalents ; on peut les rassembler en groupes et les étudier dans leurs rapports. L'étude de ces groupes et de leurs rapports constitue l'algèbre [2].

L'univers géométrique se compose de points immobiles dont chacun possède une signification et des propriétés dues à sa position relativement aux autres points. Il y a dans l'univers géométrique « des groupes dont tous les éléments ont une place et des attributions fixes qu'ils ne peuvent échanger avec d'autres [3]. »

Dans l'univers mécanique, les points ont conquis, pour ainsi dire, la place qu'ils occupent. Chaque point est à sa place et non à une autre, parce qu'il est considéré comme « possédant une qualité interne qui le différencie de tous les autres. » Et cette qualité est appelée force. « De la connaissance de la nature d'un point, on pourra conclure à sa position et réciproquement. Chaque point de l'espace mécanique pourra être considéré comme doué d'une qualité propre *qui caractérise le lieu où il est,* si bien que si cette qualité venait à changer, il faudrait imaginer que le point prendrait toujours

1. Delbœuf. *Essai de logique scientifique.*
2. *Ibid.*
3. *Ibid.*

une position correspondante. Appelons cette qualité la force[1]. »

Maintenant, si on rapporte, toujours d'après Delbœuf, la nature de chaque point à celle d'un ou de plusieurs points dont la force est considérée comme fixe, on peut dire que « *la force est la différence interne des points de l'espace,... et cette différence interne correspond toujours à une diffé- rence externe des mêmes points, c'est-à-dire à une différence de situation;* ou encore, pour parler un langage rigoureu- sement scientifique.., *l'équivalent géométrique de la force est la position, et réciproquement l'équivalent mécanique de la position est la force* [2]. »

Delbœuf, on le voit, déplace la difficulté, mais ne la résout pas. Il localise, il géométrise la force, sans nous dire ce qu'elle est. Ses *points*, dans l'univers mécanique, sont doués, en somme, d'une *énergie de position*. Mais qu'est-ce que l'énergie ?

Delbœuf se croit en droit de géométriser la force, car il pense, avec d'autres mathématiciens d'ailleurs, que la méca- nique n'est qu'une géométrie à quatre dimensions. Il remarque à cette occasion, que la formule générale de toutes les fonc- tions mécaniques :

$$f(x, y, z, t) = 0$$

représente un solide [3].

Cette intervention de la géométrie dans la mécanique, pour l'établissement des notions premières de cette science, ne se justifie absolument pas. D'un autre côté, il est peu scienti- fique de réunir deux sciences indépendantes dans leur con- ception et dans leur formation.

1. Delbœuf. *Essai de logique scientifique.*
2. *Ibid.*
3. Delbœuf semble confondre ici la cinématique avec la dynamique.

Remarquons, enfin, que l'*univers algébrique* de Delbœuf laisse beaucoup à désirer sous le double rapport de la précision et de la clarté.

7. — M. Poincaré énonce comme suit l'idée anthropomorphique de la force : « L'idée de force est une idée primitive, irréductible, indéfinissable ; nous savons tous ce que c'est, nous en avons l'intuition directe. Cette intuition directe provient de la notion d'effort[1]. »

Ce savant géomètre, voulant affirmer qu'on ne peut rien tirer d'une telle intuition, ajoute avec raison : « Mais d'abord, quand même cette intuition directe nous ferait connaître la véritable nature de la force en soi, elle serait insuffisante pour fonder la Mécanique ; elle serait d'ailleurs tout à fait inutile. Ce qui importe, ce n'est pas de savoir ce que c'est que la force, c'est de savoir la mesurer[2]. » M. Poincaré complète sa pensée par cette réflexion qui est à retenir : « L'anthropomorphisme a joué un rôle historique considérable dans la genèse de la mécanique ; peut-être fournira-t-il encore quelquefois un symbole qui paraîtra commode à quelques esprits ; mais il ne peut rien fonder qui ait un caractère vraiment scientifique ou un caractère vraiment philosophique[3]. »

Oui, l'anthropomorphisme a joué un rôle historique considérable dans la genèse de la mécanique et, nous ajouterons, dans la genèse de toutes nos connaissances objectives ; mais il a eu une action nocive sur ces mêmes notions qu'il a dénaturées en voulant les définir et les expliquer.

1. Poincaré. *Science et hypothèse.*
2. *Ibid.*
3. *Ibid.*

CHAPITRE II

1. — Euler a cherché à pénétrer le mystère de la force. Il déclare que la force est la *cause externe* qui modifie l'état de mouvement ou de repos des corps. « Toutes les fois, écrit Euler, que l'état d'un corps change, il n'en faut jamais chercher la cause en lui-même ; elle existe toujours hors de lui, et c'est la juste idée que l'on doit se former d'une force [1]. »

Cette énonciation paraîtra quelque peu vague. Dire que la *force* est toujours hors du corps dont l'état change, c'est ne pas en fixer la place et moins encore la définir, sans compter que le monde organique et superorganique semble démentir cette définition.

L'illustre géomètre précise, il est vrai, sa pensée, en avançant que l'impénétrabilité est le vaste *réservoir des forces*. Citons-le textuellement : « Toutes les fois donc que deux ou plusieurs corps ne sauraient se conserver dans leur état sans se pénétrer mutuellement, leur impénétrabilité déploie toujours les forces nécessaires pour le changer, autant qu'il le faut pour qu'il n'arrive aucune pénétration. C'est donc l'impénétrabilité des corps qui renferme la véritable origine des forces qui changent continuellement leur état en ce monde : et c'est là, le vrai dénouement du grand mystère qui a tant tourmenté les philosophes [2]. »

1. Euler. Lettre LXXIV.
2. Euler. Lettre LXXVII.

2. — Généralisant sa proposition, Euler avance qu'il y a deux espèces de forces qui « causent tous les changements dans le monde. L'une, celle des forces corporelles qui tiennent leur origine de l'impénétrabilité des corps, et l'autre, celle des forces spirituelles, que les âmes des animaux exercent sur leurs corps [1]. »

Tout le monde reconnaît que l'impénétrabilité est une qualité cardinale de la matière, qualité sans laquelle l'évolution se réduirait à de stériles changements de position en ligne droite ; mais en faire un *réservoir de forces*, c'est abandonner le terrain des faits pour la spéculation métaphysique. Nous nous expliquons. L'impénétrabilité donne lieu aux sensations de *résistance* et d'*effort*, et, par voie de conséquence, crée la notion anthropomorphique de la *force*. Cette dernière a donc le processus de formation suivant : *impénétrabilité, résistance, effort, force*. Mais comme la nature de l'impénétrabilité nous est tout aussi inconnue que celle du mouvement ou de la force, on n'apprend rien en définissant la *force* par l'*impénétrabilité*. D'un autre côté, cette impénétrabilité ne remplit qu'un rôle passif et peut être considérée comme une *force passive*. C'est ainsi d'ailleurs que les résistances sont traduites en mécanique. Cela étant reconnu, on peut se demander par quelle vertu secrète, une source de *forces passives* peut donner naissance à des *forces actives*.

Ces points n'ont certainement pas échappé à la sagacité de l'éminent géomètre ; mais celui-ci, dominé par la métaphysique, ne parvient pas à les coordonner dans un ensemble rigoureux. Écoutons-le encore : « Ainsi, dit-il, quoique l'impé-

---

1. Euler. Lettre LXXIX.

nétrabilité fournisse ces forces, on ne saurait dire qu'elle soit douée d'une force déterminée ; elle est plutôt en état de fournir toutes sortes de forces, grandes ou petites, selon les circonstances ; elle en est même une source inépuisable. Tant que les corps sont doués d'impénétrabilité, cette source ne saurait tarir : il faut absolument que ces forces soient excitées, ou que les corps se pénètrent, ce qui serait contraire à la nature [1]. »

On voit que le génie même n'échappe pas aux obscurités, quand il prête à la force une existence réelle.

3. — Newton, toujours si précis, s'était gardé de toute illusion métaphysique au sujet de l'impénétrabilité. Il écrit : « La force qui réside dans la matière (*vis insita*) est le pouvoir qu'elle a de résister. C'est par cette force, que tout corps persévère [2] de lui-même dans son état actuel de repos ou de mouvement uniforme en ligne droite... Cette force est toujours proportionnelle à la quantité de matière des corps, et elle ne diffère de ce qu'on appelle l'*inertie de la matière* que par la manière de la concevoir : car l'inertie est ce qui fait qu'on ne peut changer sans effort l'état actuel d'un corps, soit qu'il se meuve, soit qu'il soit au repos; aussi on peut donner à la force qui réside dans le corps le nom très expressif de force d'inertie [3]. »

4. — Newton distingue cette force qui réside dans la matière, d'une autre force qui, elle, n'est pas inhérente à la matière. Il dit de ce nouvel élément : « La force imprimée (*vis im-*

---

1. Euler. Lettre LXXVIII.
2. On sait que Newton admettait l'existence *a priori* de la loi d'inertie.
3. Newton. *Principes mathématiques de philosophie naturelle.*

pressa) est l'action par laquelle l'état du corps est changé, soit que cet état soit le repos ou le mouvement uniforme en ligne droite. Cette force consiste uniquement dans l'action, et elle ne subsiste plus dans le corps, dès que l'action vient à cesser. Mais le corps persévère par la seule force d'inertie dans le nouvel état dans lequel il se trouve [1]. »

Newton emploie, sans doute, dans les citations que nous venons de relever, le mot *force*, mais il explique sa pensée à ce sujet. Quant à la distinction entre la *vis insita* et la *vis impressa*, combien elle est ingénieuse ! La seconde produisant le *changement*, la première ayant pour objet la *conservation* de l'état nouveau. Si Newton ne cherche pas à expliquer cette action de la « vis impressa » sur la « vis insita » pour amener une résultante stable, c'est qu'il ne voyait en jeu que des mouvements obéissant à sa loi d'inertie.

Dans ces vues de Newton, on reconnaît déjà les idées qui devaient conduire ce puissant génie, grâce à une géométrie profonde, à la gravitation universelle de la matière.

5. — Kant semble avoir fait sienne l'idée d'Euler sur l'impénétrabilité : « Tout corps, dit-il, s'oppose par l'impénétrabilité à la force motrice d'un autre qui cherche à pénétrer dans l'espace qu'il occupe. Comme il est néanmoins, malgré la force motrice de l'autre, une raison de son repos, il s'ensuit que l'impénétrabilité suppose une force tout aussi véritable dans les parties du corps, moyennant laquelle elles occupent ensemble un espace, que peut l'être jamais celle par laquelle un autre corps tâche de pénétrer dans cet espace... La cause

1. Newton. *Principes mathématiques de philosophie naturelle.*

de l'impénétrabilité est donc une vraie force ; car elle fait absolument ce que fait une véritable force[1]. »

Parlant de la force, Kant écrit : « Dans le concept de force se trouve celui de cause. La substance est regardée comme sujet, et la force comme cause... Le concept du rapport de la substance à l'existence des accidents, en tant qu'elle en contient la raison, est celui de force. Toutes les forces sont divisées en primitives ou fondamentales, et en dérivées. Nous cherchons à ramener les forces dérivées aux forces primitives. Toute la physique, tant celle des corps que celle des esprits (cette dernière s'appelle psychologie) revient à ramener autant que possible à des forces fondamentales les forces différentes que nous ne connaissons que par l'observation[2]. »

Si la force mécanique n'était qu'un concept psychologique, elle ne serait pas susceptible de mesure. Quant à la notion abstraite, purement mathématique de force, celle qu'on retrouve dans les travaux de Galilée et de Newton, elle tire son origine de la constance des rapports entre des corps. A chaque genre de rapports observés, on a attribué un genre de forces. On a obtenu ainsi la gravitation, l'électricité, la lumière, etc. C'est cette notion que l'anthropomorphisme a dénaturée. M. Paul Tannery va nous faire toucher du doigt les débuts de cette conception scientifique de la force : « Le concept scientifique de force avait d'ailleurs été élaboré dès longtemps, mais en partant d'une base empirique toute spéciale, l'ensemble des phénomènes d'équilibre, de l'état statique; le progrès de la dynamique date du jour où les expériences de

1. Kant. *Essai ayant pour but d'introduire dans la philosophie le concept des quantités négatives.*
2. Kant. *OEuvres complètes*, t. X : *Métaphysique. Ontologie.*

Galilée permirent de lier le concept statique du poids avec la loi des mouvements dus à la pesanteur; la dynamique acheva de se constituer définitivement quand Newton put étendre les principes d'explication de Galilée aux lois empiriques trouvées par Képler pour le mouvement des corps célestes [1]. »

Parlant de la discussion par Kant des questions relatives à la mesure de la *masse* et de la *force*, M. Paul Tannery estime que le grand penseur de Kœnigsberg « n'a pas suffisamment approfondi la question et ne lui a fait faire aucun progrès [2]. » Voici un passage de Kant relatif au concept des infiniment petits, qui ne laisse aucun doute à cet égard : « Le concept des infiniment petits, auquel les mathématiciens ont si souvent recours, sera donc rejeté sans autre examen comme une fiction, plutôt que de conjecturer que l'on n'en sait pas encore assez (de ce concept) pour pouvoir porter un jugement. La nature elle-même semble pourtant nous donner des preuves nullement insignifiantes de la vérité de ce concept. Car s'il y a des forces qui agissent continuellement pour produire des mouvements, telles, suivant toute apparence, que la pesanteur, il faut que la force qui les produit soit à l'instant du commencement infiniment petite en comparaison de celle qu'elle communique dans un temps. Il est difficile, j'en conviens, de pénétrer dans la nature de ce concept; mais cette difficulté ne peut, dans tous les cas, que justifier la modestie de conjectures incertaines, mais non pas les décisions tranchantes de l'impossibilité [3]. »

1. Paul Tannery. Théorie de la matière d'après Kant. *Revue philosophique*, 1885.

2. *Ibid.*

3. Kant. *Essai ayant pour but d'introduire dans la philosophie le concept des quantités négatives.*

CHAPITRE III

1. — On connaît la définition ordinaire de la force, définition métaphysique : *La Force est une cause de mouvement.*

Cette définition ne nous apprend rien. Non seulement le mot *cause* est vague, mais il mène encore à des contradictions. En effet, la *force* est mesurable, la *cause* ne l'est point.

C'est, sans doute, en considérant la *force* comme une *cause* de mouvement, que Bossut a écrit : « Tout dans la nature, présente l'image de la force. L'idée qu'on attache à ce mot paraît également claire, au sens propre et au sens figuré[1]. »

L'abbé de La Caille dit à son tour : « On appelle puissance ou force, toute cause qui exerce son action sur un corps pour changer son état de repos ou de mouvement, soit que ce changement se fasse, soit qu'il ne se fasse point[2]. »

Pour Lagrange, « la force ou puissance est la cause quelle qu'elle soit, qui imprime ou tend à imprimer du mouvement au corps auquel on la suppose appliquée[3]. » Poisson définit la force : « La cause quelconque qui met un corps en mouvement, ou seulement qui tend à le mouvoir, lorsque son effet est suspendu ou empêché par une autre cause[4]. »

Ch. Renouvier définit la force : « toute cause propre à altérer l'état de repos ou de mouvement d'un corps[5]. »

1. Bossut, *Traité élémentaire de mécanique statique.*
2. Abbé de La Caille. *Leçons élémentaires de mécanique*, MDCCLVII.
3. Lagrange. *Mécanique analytique.*
4. Poisson. *Traité de mécanique.*
5. Ch. Renouvier. *Premier essai*, § XII.

Voici la définition de Hirn : « La force est ce qui est capable immédiatement et sans mouvement antérieur, de tirer la matière du repos ou de l'y faire rentrer[1]. »

2. — M. Ernest Mach rejette le mot *cause* et le remplace par le mot *circonstance,* dans sa définition de la force : « La force est une circonstance qui a le mouvement pour conséquence[2]. » Et plus loin : « On appelle donc force une circonstance déterminante de mouvement qui possède les attributs suivants :

« 1° La *direction,* qui est la direction du mouvement déterminé par la force donnée agissant seule; 2° le *point d'application* qui est le point du corps qui se mettra en mouvement même s'il est rendu indépendant de ses liaisons; 3° l'*intensité,* c'est-à-dire le poids qui, agissant à l'aide d'un fil appliqué au même point suivant la direction donnée, détermine le même mouvement ou maintient le même équilibre[3]. »

La première définition nous paraît différente de la seconde, laquelle réintroduit le mot cause sous le vocable de *circonstance déterminante.*

3. — M. de Freycinet cherche à éviter le mot *cause* dans la définition de la force : « Un des objets de la mécanique, dit-il, est précisément de rechercher la valeur de cet effort idéal capable de réaliser le mouvement précis que l'on a en vue; ou réciproquement de trouver le mouvement qu'impri-

---

1. Hirn. *Exposition analytique et expérimentale de la théorie mécanique de la chaleur.*

2. Ernest Mach. *La mécanique; Exposé historique et critique,* traduct. par Bertrand.

3. *Ibid.*

merait un effort déterminé si on le supposait appliqué réellement au corps[1]. »

« Quand on dit que la force est la cause d'un mouvement,
écrit de son côté M. Poincaré, on fait de la métaphysique, et
cette définition, si on devait s'en contenter, serait absolument
stérile. Pour qu'une définition puisse servir à quelque
chose, il faut qu'elle nous apprenne à mesurer la force ; cela
suffit d'ailleurs, il n'est nullement nécessaire qu'elle nous
apprenne ce que c'est que la force *en soi* ni si elle est la
cause ou l'effet du mouvement[2]. »

4. — A propos de la force, M. Stallo fait une importante
remarque sur laquelle nous devons insister. « Quand nous
parlons d'une « force de la nature », dit le savant américain,
nous prenons le mot force dans un sens très différent de
celui qu'il a en mécanique. Une « force de la nature » est un
reste de la spéculation ontologique ; en langage ordinaire,
ces mots désignent une entité distincte et réelle. Mais comme
fonction mécanique déterminée, la force n'est que la valeur
du changement du moment, — en termes mathématiques,
la différentielle du moment à un instant donné[3]. »

C'est pour cette raison, sans doute, que l'emploi du mot
force ne constitue pas une cause de nuisance dans les calculs
mathématiques.

1. De Freycinet. *Traité de mécanique rationnelle.*
2. Poincaré. *Science et hypothèse.*
3. Stallo. *La matière et la physique moderne*, chap. x (F. Alcan).

CHAPITRE IV

1. — Les divergences dans la manière de concevoir la *force* proviennent, pensons-nous, de ce fait qu'on lui accorde une existence réelle, alors qu'elle n'est qu'un être de raison, un concept logique. D'un autre côté, si tant d'illustres penseurs l'ont définie comme « une cause de mouvement », c'est que cette définition, simple et commode, n'apporte aucun trouble dans les calculs de la mécanique. Ce dernier point demande quelques éclaircissements que va nous donner un illustre géomètre français.

2. — Écoutons Carnot : « Il y a deux manières d'envisager la mécanique dans ses principes. La première est de la considérer *comme la théorie des forces*, c'est-à-dire des causes qui impriment les mouvements. La seconde est de la considérer comme *la théorie des mouvements* eux-mêmes. Dans le premier cas donc, on établit le raisonnement sur les causes quelles qu'elles soient, qui impriment ou tendent à imprimer du mouvement aux corps auxquels on les suppose appliquées. Dans le second cas, on regarde le mouvement comme déjà imprimé et résidant dans les corps ; et l'on cherche seulement quelles sont les lois suivant lesquelles ces mouvements acquis se propagent, se modifient ou se déterminent dans chaque circonstance. Chacune de ces deux manières d'envisager la mécanique a ses avantages et ses inconvé-

nients. La première est presque généralement suivie, comme la plus simple ; mais elle a le désavantage d'être fondée sur une notion métaphysique et obscure qui est celle de la force. Car quelle idée nette peut présenter à l'esprit en pareille matière le nom de cause ? il y a tant d'espèces de causes ! Et que peut-on entendre dans le langage précis des mathématiques par une force, c'est-à-dire une cause double ou triple d'une autre ? On conçoit parfaitement en calcul ce que c'est que deux quantités de mouvement qui sont en raison donnée ; mais qu'est-ce que le rapport de deux causes différentes ? Ces causes sont-elles la volonté ou la constitution physique de l'homme ou de l'animal qui par son action fait naître le mouvement ? Mais qu'est-ce qu'une volonté double ou triple d'une autre volonté, ou une constitution physique capable d'un effet double ou triple d'un autre ? La notion du rapport des forces entre elles considérées comme causes n'est donc pas plus claire que celle de ces forces elles-mêmes.

3. — « Si l'on prend le parti de ne point distinguer la cause de l'effet, c'est-à-dire si par le mot force on entend la quantité de mouvement même qu'elle fait naître dans le mobile auquel elle est appliquée, on devient intelligible, mais alors on revient précisément à la seconde manière d'envisager la question, c'est-à-dire qu'alors la mécanique n'est plus autre chose que la théorie des lois de la communication des mouvements. Mais tant qu'on regarde ce mot *cause* comme répondant à une idée première, il faut convenir que le vague dont on vient de parler subsiste, et qu'alors toutes les démonstrations où le mot *force* est employé, portent avec elles un caractère d'obscurité absolument inévitable ; et voilà pourquoi,

dans ce sens, il ne peut y avoir par exemple, suivant moi,
une démonstration rigoureuse du parallélogramme des forces :
la seule existence du mot *force* dans l'énoncé de la proposition
rendant cette démonstration impossible par la nature même
des choses.

4. — « Cette obscurité disparaît, comme on vient de le
dire, dans la seconde manière d'envisager la mécanique,
mais il arrive un autre inconvénient ; c'est que les principes
fondamentaux, que dans le premier cas on établit comme
axiomes, à la faveur de l'expression métaphysique dont on se
sert, c'est-à-dire du mot force, ne sont, dans ce second cas,
rien moins que des propositions évidentes, et que pour les
établir, on reconnaît bientôt la nécessité de recourir à l'expérience. Ainsi, par exemple, dans le premier cas, on ne fait
aucune difficulté de prendre pour axiome, qu'une force peut
être censée appliquée à un point quelconque de sa direction ;
mais dans le second cas, on ne peut pas dire que le mouvement d'un corps existe où ce corps n'existe pas lui-même.
Dans le premier cas, une fois qu'on a passé sur l'obscurité
de la notion du mot *force*, on conçoit ce que c'est que plusieurs forces appliquées à un même point suivant différentes
directions ; dans le second cas, on ne saurait concevoir ce que
c'est que des quantités de mouvement dirigées en différents
sens, et cependant coexistantes dans un même corps ; puisque
ce corps ne peut aller par plusieurs chemins à la fois ; on ne
peut donc considérer ces différents mouvements que dans des
corps différents eux-mêmes qui, par leur choc, sont forcés
d'en changer ; c'est la loi de ces changements qu'il faut
trouver.

« Dans le premier cas, une fois la notion de force admise,
il est facile d'établir les lois de la statique, et de là, on
passe aisément par le principe de Jacques Bernouilli et de
d'Alembert aux lois du mouvement; dans le second, au contraire, on est forcé de commencer par la dynamique, et de
ne considérer la statique que comme un cas particulier des
principes généraux, celui où tous les mouvements se détruisent[1]. »

Ce lumineux exposé indique bien la différence entre les
deux manières d'envisager les principes premiers de la
mécanique, en théorie et en pratique ; il montre en même
temps le vide de la notion métaphysique de « force ». Ajoutons que si Carnot a reconnu le mouvement dans la nature,
nulle part, il n'en a trouvé la *cause*, c'est-à-dire la *force*.

5. — Pour nous, suivant le conseil d'A. Comte, nous sépa-
rons par la pensée le mouvement d'avec son support et le
synthétisons sous le nom de « force ». La force n'est donc
plus que le mouvement synthétisé.

Dans cette vue positive, la force est la conséquence du mouvement ; on peut donc dire en renversant les termes de la définition classique : le mouvement est la cause de la force.

Cette manière d'envisager le *mouvement* et la *force* est en
concordance avec les idées de d'Alembert sur la notion de
force : « Nous apercevons, dit-il, avec une légère attention
que nous ne pouvons y attacher que trois différents sens :

1° Celui de la sensation que nous éprouvons, et que nous
ne pouvons pas supposer dans une matière inerte ;

1. Carnot. *Principes fondamentaux de l'équilibre et du mouvement*, Paris,
an XI.

2° Celui d'un être métaphysique différent de la sensation, mais qu'il nous est impossible de concevoir, et par conséquent de définir ;

3° Enfin (et c'est le seul cas raisonnable) celui de l'effet même ou de la propriété qui se manifeste par cet effet, sans examiner ni rechercher la cause[1]. »

1. D'Alembert. *Force d'inertie* ; *Encyclopédie*.

CHAPITRE V

1. — La notion métaphysique de « force » a fait sentir
son influence nocive dans la recherche même de sa mesure.
Laplace écrit que « la force n'étant connue que par l'espace
qu'elle fait décrire dans un temps déterminé, il est naturel de
prendre cet espace pour sa mesure[1] ». Lagrange estime que
« c'est par la quantité de mouvement imprimé ou prêt à
imprimer, que la force ou puissance doit s'estimer[2] ». D'Aubuisson distingue la *force dynamique* de la *force statique* ;
il définit la première comme un travail, c'est-à-dire un poids
soulevé à une certaine hauteur, et la seconde comme un
simple effort ou un poids. « J'ai cru devoir conserver le mot
force, écrit d'Aubuisson, généralement admis dans les arts où
l'on a toujours dit et où l'on dira toujours, sans aucun inconvénient, la force d'un courant d'eau, d'une machine, d'un
cheval. J'y ai joint l'adjectif dynamique, pour la faire distinguer de la force proprement dite ou force statique qui est simplement un effort ou un poids[3]. »

Delaunay, considérant la force comme une cause quelconque de mouvement ou de modification de mouvement,
estime qu'elle peut toujours être mesurée par un poids et, par
conséquent, être évaluée en nombre au moyen de l'unité de

1. Laplace. *Mécanique céleste.*
2. Lagrange. *Ouv. cit.*
3. D'Aubuisson. *Traité d'hydraulique ; Des machines et de leurs effets.*

poids [1]. Pour Clerk Maxwell, « la force est tout ce qui change ou tend à changer le mouvement d'un corps en modifiant, soit sa direction, soit sa vitesse ; et une force agissant sur un corps est mesurée par le mouvement $\left(m\,\dfrac{dv}{dt} \right)$ qu'elle produit, suivant sa propre direction dans l'unité de temps [2]. »

2. — La *mesure* de la force a donné lieu au xviiie siècle à la fameuse controverse dite des *forces vives*, entre Descartes, Newton et Euler, d'une part, Leibniz et Jean Bernouilli, d'autre part. Les premiers soutenaient que cette mesure était la quantité de mouvement mv, et les seconds la force vive mv^2. Les cartésiens disaient que si deux corps non élastiques se rencontraient directement avec des vitesses inversement proportionnelles à leurs masses, le repos serait le résultat du choc. Donc, les deux corps, avant de se rencontrer, avaient des forces égales. Les leibniziens répondaient par l'expérience suivante : Une boule métallique creuse tombe d'une certaine hauteur sur une matière molle et s'y enfonce ; si on retire cette boule pour en doubler le poids au moyen de grenailles, et si on la laisse tomber sur la même matière, mais d'une hauteur moitié de celle de la première expérience, l'enfoncement produit sera le même. Donc, dans les deux cas, la force du corps était la même au moment où il rencontrait la matière molle. Mais les espaces parcourus par des corps qui tombent de diverses hauteurs sont proportionnels aux carrés des vitesses. Donc, enfin, pour que deux corps en mouvement aient des forces égales, il faut que les carrés des vitesses soient inversement proportionnels aux masses.

1. Delaunay. *Traité de mécanique rationnelle*, Paris, 1857.
2. Clerk Maxwell. *La chaleur*.

3. — Cette controverse célèbre, où chacune des parties avait raison, reposait uniquement sur ce fait que les champions entendaient, chacun à sa manière, la force d'un corps en mouvement. D'Alembert mit fin au différend, en remarquant que le mot *force* ne doit pas représenter un « prétendu être qui réside dans le corps », et qu'on ne doit s'en servir que comme « d'une manière abrégée d'exprimer un fait. » Il ajoutait cette réflexion profonde : « Néanmoins, comme nous n'avons d'idée précise et distincte du mot force, qu'en restreignant ce terme à exprimer un effet, je crois qu'on doit laisser chacun le maître de se décider comme il voudra là-dessus ; et toute la question ne peut plus consister que dans une question métaphysique très futile ou dans une dispute de mots plus indigne encore d'occuper des philosophes[1]. »

4. — Si cette fameuse discussion sur la *mesure* de la *force* est terminée, il s'en faut que les notions premières de la mécanique soient définitivement établies. A ce point de vue, cependant, il faut reconnaître que M. Poincaré a rendu un très grand service à la science en redressant les premiers principes de la mécanique et de la géométrie. Si d'autres savants géomètres faisaient un travail analogue pour l'arithmétique et l'algèbre, l'étude des sciences exactes deviendrait moins aride aux commençants et guiderait utilement leur esprit dans les autres domaines de la pensée.

5. — Dans la nature il n'y a pas de *force*, du moins nous n'en reconnaissons nulle part. Tout ce que nous y voyons, sont des mouvements et des combinaisons de mouvements.

1. D'Alembert. *Traité de dynamique*, Paris, 1743.

L'observation attentive de ces derniers a suggéré les lois de la mécanique, en passant de l'état dynamique à l'état statique. Dans ce travail d'élaboration, le rôle de la géométrie a été nul. D'ailleurs, ainsi que l'écrit M. J. Andrade, « l'espace absolu, le temps absolu, la géométrie même ne sont pas des conditions qui s'imposent à la mécanique ; toutes ces choses ne préexistent pas plus à la mécanique que la langue française ne préexiste logiquement aux vérités que l'on exprime en français [1]. »

6. — Nous sommes en communauté d'idées avec M. Stallo relativement à la force ; mais, comme nous l'avons déjà dit, nous ne pouvons accepter les conclusions du savant américain. Citons-le textuellement : « La force n'est donc pas une réalité indépendante : cela est si simple et si évident que quelques penseurs ont proposé de bannir absolument le terme *force*, aussi bien que le terme *cause*. Sans doute on doit être avare de termes semblables, mais en pratique il est impossible de s'en dispenser tout à fait, parce que l'élément conceptuel *force*, dûment interprété dans les termes de l'expérience, fait légitimement partie de la conception de l'action physique, et si le nom en était banni, il réapparaîtrait immédiatement sous un autre mot. Il y a peu de concepts qui n'aient pas, dans la science comme dans la métaphysique, produit parfois une confusion semblable à celle qui règne au sujet de la « force » et de la « cause », et le coup porté à ceux-ci détruirait toute espèce de concept. Néanmoins il est de la plus grande importance, dans toutes les spéculations concernant la dépendance mutuelle des phénomènes physiques, de ne

---

1. J. Andrade: *Leçons de mécanique physique.*

jamais perdre de vue que la *force* est un terme purement conceptuel, et non une chose distincte, tangible ni intangible [1]. »

Nous pensons, quant à nous, que la disparition totale du mot *force* du domaine scientifique jetterait un jour nouveau sur la conception des actions physiques et des relations mutuelles des corps entre eux. Elle élaguerait du langage de la philosophie positive une expression conceptuelle qui lui sert de trait d'union avec la métaphysique et compromet souvent l'examen approfondi des phénomènes.

Puisque le mot *force* doit être « dûment interprété dans les termes de l'expérience », c'est qu'il est *trompeur*; et s'il est trompeur, il ne mérite pas d'être conservé. Ch. Renouvier, tout en reconnaissant que la *force* n'a qu'un emploi « honorifique », estime cependant qu'elle domine la science et qu'il serait puéril de vouloir l'en bannir [2]. Ce philosophe a écrit : « Concluons que la force, dans son acception mécanique, la moins complexe de toutes en apparence, ne souffre pourtant pas l'application exacte du nombre, et que le mouvement seul est ressortissant aux lois mathématiques. Ce n'est pas qu'une notion essentielle puisse être bannie de la science qu'elle domine ; mais la mesure, et par suite le calcul, s'appliquent à l'acte, ou à l'acte en puissance, jamais à la force proprement dite [3]. »

Nous ne comprenons pas qu'une notion qui ne souffre pas l'application exacte du nombre, et qui demeure en dehors de la mesure et, par conséquent, du calcul, puisse être *essentielle* et *dominer* la science, alors qu'il est reconnu que le

---

1. Stallo. *Ouv. cit.*, chap. x.
2. Ch. Renouvier. *Premier essai*, VIII⁰ appendice.
3. *Ibid. Premier essai.*

mouvement seul est ressortissant aux lois mathématiques.

7. Concluons. — Le mot *force* fait partie du langage scientifique, ce point paraît incontestable. Il y fut introduit par l'anthropomorphisme, à la faveur des notions simplistes de la haute antiquité sur la cosmologie. Il s'y est enraciné grâce à la métaphysique et à la théocratie. Toutes les sciences l'emploient depuis longtemps avec plus ou moins de justesse et de discernement. En physique, en chimie, en mécanique, il simplifie les énoncés et, parfois, les solutions, s'il en diminue la rigueur. C'est un mot très utile pour les raisonnements captieux, car sa définition est vague et élastique. Dans l'étude scientifique du mouvement, il complique à plaisir l'examen déjà si ardu des divers aspects de ce concept. Depuis Aristote, il a rendu inintelligible l'*inertie* de la matière et faussé, dans la suite, les interprétations de cet élément conceptuel. Dans tous les domaines de la pensée, il a propagé des erreurs, entretenu des équivoques. Enfin, il est intimement uni à un autre mot, le terme *cause* qui, lui également, est sans signification précise dans la science positive. On demande son maintien dans le langage scientifique, alors que dans la nature, on ne voit ni *force*, ni cause; alors qu'on n'y rencontre que le seul mouvement poursuivant son travail évolutif avec une constance et une régularité qu'on ne peut attribuer qu'à l'action d'un déterminisme universel! Pourquoi ce maintien? Pour ne pas froisser des habitudes prises et ne pas modifier des formules d'allure simple. Ces raisons ne sont pas suffisantes : on ne peut leur sacrifier ni la rigueur, ni la précision.

FIN

TABLE DES MATIÈRES

INTRODUCTION

LIVRE PREMIER

LA LOI PHYSIQUE

LIVRE II

LA RÉSISTANCE

LIVRE III

PREMIÈRE PARTIE

LA LOI DE CONTINUITÉ

DEUXIÈME PARTIE

LE PRINCIPE DE CAUSALITÉ ET LA FORCE

LIVRE IV

LE MOUVEMENT

PREMIÈRE PARTIE

DEUXIÈME PARTIE

LIVRE V

LA FORCE

FÉLIX ALCAN, Éditeur

LIBRAIRIES FÉLIX ALCAN et GUILLAUMIN RÉUNIES

PHILOSOPHIE — HISTOIRE

CATALOGUE
DES
Livres de Fonds

On peut se procurer tous les ouvrages qui se trouvent dans ce Catalogue par l'intermédiaire des libraires de France et de l'Étranger.

On peut également les recevoir franco par la poste, sans augmentation des prix désignés, en joignant à la demande des TIMBRES-POSTE FRANÇAIS ou un MANDAT sur Paris.

108, BOULEVARD SAINT-GERMAIN, 108
PARIS, 6ᵉ

MARS 1907

Les titres précédés d'un *astérisque* sont recommandés par le Ministère de l'Instruction publique pour les Bibliothèques des élèves et des professeurs et pour les distributions de prix des lycées et collèges.

BIBLIOTHÈQUE DE PHILOSOPHIE CONTEMPORAINE
Volumes in-16, brochés, à 2 fr. 50.
Cartonnés toile, 3 francs. — En demi-reliure, plats papier, 4 francs!

La psychologie, avec ses auxiliaires indispensables, l'anatomie et la physiologie du système nerveux, la pathologie mentale, la psychologie des races inférieures et des animaux, les recherches expérimentales des laboratoires; — la logique; — les théories générales fondées sur les découvertes scientifiques ; — l'esthétique ; — les hypothèses métaphysiques ; — la criminologie et la sociologie ; — l'histoire des principales théories philosophiques ; tels sont les principaux sujets traités dans cette Bibliothèque.

ALAUX (V.), prof. à l'École des Lettres d'Alger. **La philosophie de Victor Cousin.**
ALLIER (R.). ***La Philosophie d'Ernest Renan.** 2ᵉ édit. 1903.
ARRÉAT (L.). ***La Morale dans le drame, l'épopée et le roman.** 3ᵉ édition.
— ***Mémoire et imagination** (Peintres, Musiciens, Poètes, Orateurs). 2ᵉ édit.
— **Les Croyances de demain.** 1898.
— **Dix ans de philosophie.** 1900.
— **Le Sentiment religieux en France.** 1903.
— **Art et Psychologie individuelle.** 1906.
BALLET (G.). **Le Langage intérieur et les diverses formes de l'aphasie.** 2ᵉ édit.
BAYET (A.). **La morale scientifique.** 2ᵉ édit. 1906.
BEAUSSIRE, de l'Institut. ***Antécédents de l'hégél. dans la philos. française.**
BERGSON (H.), de l'Institut, professeur au Collège de France. ***Le Rire.** Essai sur la signification du comique. 3ᵉ édition. 1904.
BERTAULD. **De la Philosophie sociale.**
BINET (A.), directeur du lab. de psych. physiol. de la Sorbonne. **La Psychologie du raisonnement,** expériences par l'hypnotisme. 4ᵉ édit.
BLONDEL. **Les Approximations de la vérité.** 1900.
BOS (C.), docteur en philosophie. ***Psychologie de la croyance.** 2ᵉ édit. 1905.
BOUCHER (M.). **L'hyperespace, le temps, la matière et l'énergie.** 2ᵉ édit. 1905.
BOUGLÉ, prof. à l'Univ. de Toulouse. **Les Sciences sociales en Allemagne.** 2ᵉ éd. 1902.
— **Qu'est-ce que la Sociologie ?** 1907.
BOURDEAU (J.). **Les Maîtres de la pensée contemporaine.** 4ᵉ édit. 1906.
— **Socialistes et sociologues.** 2ᵉ éd. 1907.
BOUTROUX, de l'Institut. ***De la contingence des lois de la nature.** 5ᵉ éd. 1905.
BRUNSCHVICG, professeur au lycée Henri IV, docteur ès lettres. ***Introduction à la vie de l'esprit.** 2ᵉ édit. 1906.
— ***L'Idéalisme contemporain.** 1905.
COSTE (Ad.). **Dieu et l'âme.** 2ᵉ édit. précédée d'une préface par R. Worms. 1903.
CRESSON (A.), docteur ès lettres. **La Morale de Kant.** 2ᵉ édit. (Cour. par l'Institut.)
— **Le Malaise de la pensée philosophique.** 1905.
DANVILLE (Gaston). **Psychologie de l'amour.** 4ᵉ édit. 1907.
DAURIAC (L.). **La Psychologie dans l'Opéra français** (Auber, Rossini, Meyerbeer).
DELVOLVÉ (J.), docteur ès lettres, agrégé de philosophie. ***L'organisation de la conscience morale.** *Esquisse d'un art moral positif.* 1906.
DUGAS, docteur ès lettres. ***Le Psittacisme et la pensée symbolique.** 1896.
— **La Timidité.** 3ᵉ édit. 1903.
— **Psychologie du rire.** 1902.
— **L'absolu.** 1904.
DUMAS (G.), chargé de cours à la Sorbonne. **Le Sourire,** avec 19 figures. 1906.
DUNAN, docteur ès lettres. **La théorie psychologique de l'Espace.**
DUPRAT (G.-L.), docteur ès lettres. **Les Causes sociales de la Folie.** 1900.
— **Le Mensonge.** *Étude psychologique.* 1903.

Suite de la *Bibliothèque de philosophie contemporaine*, format in-16, à 2 fr. 50 le vol.

DURAND (de Gros). *Questions de philosophie morale et sociale. 1902.

DURKHEIM (Émile), professeur à la Sorbonne. *Les règles de la méthode sociologique. 3° édit. 1904.

D'EICHTHAL (Eug.) (de l'Institut). Les Problèmes sociaux et le Socialisme. 1899.

ENCAUSSE (Papus). L'occultisme et le spiritualisme. 2° édit. 1903.

ESPINAS (A.), de l'Institut, prof. à la Sorbonne. *La Philosophie expérimentale en Italie.

FAIVRE (E.). De la Variabilité des espèces.

FÉRÉ (Ch.). Sensation et Mouvement. Étude de psycho-mécanique, avec fig. 2° éd.
— Dégénérescence et Criminalité, avec figures. 3° édit. 1907.

FERRI (E.). *Les Criminels dans l'Art et la Littérature. 2° édit. 1902.

FIERENS-GEVAERT. Essai sur l'Art contemporain. 2° éd. 1903. (Cour. par l'Ac. fr.).
— La Tristesse contemporaine, essai sur les grands courants moraux et intellectuels du xix° siècle. 4° édit. 1904. (Couronné par l'Institut.)
— *Psychologie d'une ville. Essai sur Bruges. 2° édit. 1902.
— Nouveaux essais sur l'Art contemporain. 1903.

FLEURY (Maurice de). L'Âme du criminel. 1898.

FONSEGRIVE, professeur au lycée Buffon. La Causalité efficiente. 1893.

FOUILLÉE (A.), de l'Institut. La propriété sociale et la démocratie. 4° édition. 1904.

FOURNIÈRE (E.). Essai sur l'individualisme. 1901.

FRANCK (Ad.), de l'Institut. *Philosophie du droit pénal. 5° édit.

GAUCKLER. Le Beau et son histoire.

GELEY (D° G.). L'être subconscient. 2° édit. 1905.

GOBLOT (E.), professeur à l'Université de Lyon. Justice et liberté. 2° éd. 1907.

GODFERNAUX (G.), docteur ès lettres. Le Sentiment et la Pensée. 2° éd. 1906.

GRASSET (J.), professeur à la Faculté de médecine de Montpellier. Les limites de la biologie. 3° édit. 1906. Préface de Paul BOURGET.

GREEF (de). Les Lois sociologiques. 3° édit.

GUYAU. *La Genèse de l'idée de temps. 2° édit.

HARTMANN (E. de). La Religion de l'avenir. 5° édit.
— Le Darwinisme, ce qu'il y a de vrai et de faux dans cette doctrine. 6° édit.

HERBERT SPENCER. *Classification des sciences. 6° édit.
— L'Individu contre l'État. 5° édit.

HERCKENRATH. (C.-R.-C.) Problèmes d'Esthétique et de Morale. 1897.

JAELL (M°°). L'intelligence et le rythme dans les mouvements artistiques, avec fig. 1904.

JAMES (W.). La théorie de l'émotion, préf. de G. DUMAS, chargé de cours à la Sorbonne. Traduit de l'anglais. 1902.

JANET (Paul), de l'Institut. *La Philosophie de Lamennais.

JANKELEWITCH (S. J.). Nature et Société. *Essai d'une application du point de vue finaliste aux phénomènes sociaux. 1906.

LACHELIER, de l'Institut. Du fondement de l'induction, suivi de psychologie et métaphysique. 5° édit. 1907.

LAISANT (C.). L'Éducation fondée sur la science. Préface de A. NAQUET. 2° éd. 1905.

LAMPÉRIÈRE (M°° A.). *Rôle social de la femme, son éducation. 1898.

LANDRY (A.), agrégé de philos., docteur ès lettres. La responsabilité pénale. 1902.

LANGE, professeur à l'Université de Copenhague. *Les Émotions, étude psycho-physiologique, traduit par G. Dumas. 2° édit. 1902.

LAPIE, professeur à l'Univ. de Bordeaux. La Justice par l'État. 1899.

LAUGEL (Auguste). L'Optique et les Arts.

LE BON (D° Gustave). *Lois psychologiques de l'évolution des peuples. 7° édit.
— *Psychologie des foules. 10° édit.

LÉCHALAS. *Étude sur l'espace et le temps. 1895.

LE DANTEC, chargé du cours d'Embryologie générale à la Sorbonne. Le Déterminisme biologique et la Personnalité consciente. 2° édit.
— *L'Individualité et l'Erreur individualiste. 2° édit. 1905.
— Lamarckiens et Darwiniens. 2° édit. 1904.

LEFÈVRE (G.), prof. à l'Univ. de Lille. Obligation morale et idéalisme. 1895.

Suite de la *Bibliothèque de philosophie contemporaine*, format in-16 à 2 fr. 50 le vol.

RIBOT (Th.), de l'Institut, professeur honoraire au Collège de France, directeur de la *Revue philosophique*. * Les Maladies de la personnalité. 11ᵉ édit.
— * La Psychologie de l'attention. 6ᵉ édit.
RICHARD (G.), chargé du cours de sociologie à l'Université de Bordeaux. * Socialisme et Science sociale. 2ᵉ édit.
RICHET (Ch.). Essai de psychologie générale. 5ᵉ édit. 1903.
ROBERTY (E. de). L'Inconnaissable, sa métaphysique, sa psychologie.
— L'Agnosticisme. Essai sur quelques théories pessim. de la connaissance. 2ᵉ édit.
— La Recherche de l'Unité. 1893.
— * Le Bien et le Mal. 1896.
— Le Psychisme social. 1897.
— Les Fondements de l'Éthique. 1898.
— Constitution de l'Éthique. 1901.
— Frédéric Nietzsche. 3ᵉ édit. 1903.
ROISEL. De la Substance.
— L'Idée spiritualiste. 2ᵉ éd. 1901.
ROUSSEL-DESPIERRES. L'Idéal esthétique. *Philosophie de la beauté.* 1904.
SCHOPENHAUER. * Le Fondement de la morale, trad. par M. A. Burdeau. 7ᵉ édit.
— * Le Libre arbitre, trad. par M. Salomon Reinach, de l'Institut. 8ᵉ éd.
— Pensées et Fragments, avec intr. par M. J. Bourdeau. 18ᵉ édit.
— Écrivains et style. Traduct. Dietrich. 1905.
— Sur la Religion. Traduct. Dietrich. 1906.
SOLLIER (Dʳ P.). Les Phénomènes d'autoscopie, avec fig. 1903.
SOURIAU (P.), prof. à l'Université de Nancy. La Rêverie esthétique. *Essai sur la psychologie du poète.* 1906.
STUART MILL. * Auguste Comte et la Philosophie positive. 6ᵉ édit.
— * L'Utilitarisme. 4ᵉ édit.
— Correspondance inédite avec Gust. d'Eichthal (1828-1842)—(1864-1871). 1899. Avant-propos et trad. par Eug. d'Eichthal.
SULLY-PRUDHOMME, de l'Académie française. Psychologie du libre arbitre suivi de *Définitions fondamentales des idées les plus générales et des idées les plus abstraites.* 1907.
— et Ch. RICHET, professeur à l'Université de Paris. Le problème des causes finales. 2ᵉ édit. 1904.
SWIFT. L'Éternel conflit. 1904.
TANON (L.). * L'Évolution du droit et la Conscience sociale. 2ᵉ édit. 1905.
TARDE, de l'Institut. La Criminalité comparée. 6ᵉ édit. 1907.
— * Les Transformations du Droit. 5ᵉ édit. 1906.
— * Les Lois sociales. 4ᵉ édit. 1904.
THAMIN (R.), recteur de l'Acad. de Bordeaux. * Éducation et Positivisme. 2ᵉ édit.
THOMAS (P. Félix). * La suggestion, son rôle dans l'éducation. 2ᵉ édit. 1898.
— * Morale et éducation. 2ᵉ édit. 1905.
TISSIÉ. * Les Rêves, avec préface du professeur Azam. 2ᵉ éd. 1898.
WUNDT. Hypnotisme et Suggestion. Étude critique, traduit par M. Keller 3ᵉ édit. 1905.
ZELLER. Christian Baur et l'École de Tubingue, traduit par M. Ritter.
ZIEGLER. La Question sociale est une Question morale, trad. Palante. 3ᵉ édit.

BIBLIOTHÈQUE DE PHILOSOPHIE CONTEMPORAINE

Volumes in-8, brochés à 3 fr. 75, 5 fr., 7 fr. 50, 10 fr., 12 fr. 50 et 15 fr.
Cart. angl., 1 fr. en plus par vol.; Demi-rel. en plus, 2 fr. par vol.

ADAM (Ch.), recteur de l'Académie de Nancy. * La Philosophie en France (première moitié du XIXᵉ siècle).   7 fr. 50
ALENGRY (Franck), docteur ès lettres, inspecteur d'académie. * Essai historique et critique sur la Sociologie chez Aug. Comte. 1900.   10 fr.
ARNOLD (Matthew). La Crise religieuse.   7 fr. 50
ARRÉAT. * Psychologie du peintre.   5 fr.

F. ALCAN.

Suite de la *Bibliothèque de philosophie contemporaine*, format in-8.

AUBRY (Dr P.). La Contagion du meurtre. 1896. 3ᵉ édit. 5 fr.

BAIN (Alex.). La Logique inductive et déductive. Trad. Compayré. 2 vol. 3ᵉ éd. 20 fr.
— * Les Sens et l'Intelligence. Trad. Cazelles. 3ᵉ édit. 10 fr.

BALDWIN (Mark), professeur à l'Université de Princeton (États-Unis). Le Développement mental chez l'enfant et dans la race. Trad. Neurry. 1897 7 fr. 50

BARDOUX (J.). *Essai d'une psychologie de l'Angleterre contemporaine. Les crises belliqueuses. (Couronné par l'Académie française). 1906. 7 fr. 50

BARTHÉLEMY-SAINT-HILAIRE, de l'Institut. La Philosophie dans ses rapports avec les sciences et la religion. 5 fr.

BARZELOTTI, prof. à l'Univ. de Rome. *La Philosophie de H. Taine. 1900. 7 fr. 50

BAZAILLAS (A.), docteur ès lettres, professeur au lycée Condorcet. *La Vie personnelle, *Étude sur quelques illusions de la perception extérieure*. 1905. 5 fr.

BELOT (G.), agrégé de philosophie. Études de morale positive. 1907. 7 fr. 50

BERGSON (H.), de l'Institut, professeur au Collège de France. * Matière et mémoire, essai sur les relations du corps à l'esprit. 2ᵉ édit. 1900. 5 fr.
— Essai sur les données immédiates de la conscience. 4ᵉ édit. 1904. 3 fr. 75

BERTRAND, prof. à l'Université de Lyon. * L'Enseignement intégral. 1898. 5 fr.
— Les Études dans la démocratie. 1900. 5 fr.

BINET (A.), directeur de laboratoire à la Sorbonne. Les révélations de l'écriture, avec 67 grav. 5 fr.

BOIRAC (Émile), recteur de l'Académie de Dijon. * L'Idée du Phénomène. 5 fr.

BOUGLÉ, prof. à l'Univ. de Toulouse. *Les Idées égalitaires. 1899. 3 fr. 75

BOURDEAU (L.). Le Problème de la mort. 4ᵉ édition. 1904. 5 fr.
— Le Problème de la vie. 1901. 7 fr. 50

BOURDON, professeur à l'Université de Rennes. * L'Expression des émotions et des tendances dans le langage. 7 fr. 50

BOUTROUX (E.), de l'Inst. Études d'histoire de la philosophie. 2ᵉ éd. 1904. 7 fr. 50

BRAUNSCHVIG (M.), docteur ès lettres, prof. au lycée de Toulouse. Le sentiment du beau et le sentiment poétique. *Essai sur l'esthétique du vers*. 1904. 3 fr. 75

BRAY (L.). Du beau. 1902. 5 fr.

BROCHARD (V.), de l'Institut. De l'Erreur. 2ᵉ édit. 1897. 5 fr.

BRUNSCHVICG (L.), prof. au lycée Henri IV, doct. ès lett. La Modalité du jugement. 5 fr.
— *Spinoza. 2ᵉ édit. 1906. 3 fr. 75

CARRAU (Ludovic), professeur à la Sorbonne. La Philosophie religieuse en Angleterre, depuis Locke jusqu'à nos jours. 5 fr.

CHABOT (Ch.), prof. à l'Univ. de Lyon. *Nature et Moralité. 1897. 5 fr.

CLAY (R.). * L'Alternative, *Contribution à la Psychologie*. 2ᵉ édit. 10 fr.

COLLINS (Howard). *La Philosophie de Herbert Spencer, avec préface de Herbert Spencer, traduit par H. de Varigny. 4ᵉ édit. 1904. 10 fr.

COMTE (Aug.). La Sociologie, résumé par E. Rigolage. 1897. 7 fr. 50

COSENTINI (F.). La Sociologie génétique. *Essai sur la pensée et la vie sociale préhistoriques*. 1905. 3 fr. 75

COSTE. Les Principes d'une sociologie objective. 3 fr. 75
— L'Expérience des peuples et les prévisions qu'elle autorise. 1900. 10 fr.

COUTURAT (L.). Les principes des mathématiques, suivis d'un appendice sur *La philosophie des mathématiques de Kant*. 1906. 5 fr.

CRÉPIEUX-JAMIN. L'Écriture et le Caractère. 4ᵉ édit. 1897. 7 fr. 50

CRESSON, doct. ès lettres. La Morale de la raison théorique. 1903. 5 fr.

DAURIAC (L.). *Essai sur l'esprit musical. 1904. 5 fr.

DE LA GRASSERIE (R.), lauréat de l'Institut. Psychologie des religions. 1899. 5 fr.

DELBOS (V.), maître de conf. à la Sorbonne. *La philosophie pratique de Kant. 1905. (Ouvrage couronné par l'Académie française.) 12 fr. 50

DELVAILLE (J.), agr. de philosophie. La vie sociale et l'éducation. 1907. 3 fr. 75

DELVOLVE (J.), docteur ès lettres, agrégé de philosophie. *Religion, critique et philosophie positive chez Pierre Bayle. 1906. 3 fr. 50

DEWAULE, docteur ès lettres. *Condillac et la Psychol. anglaise contemp. 5 fr.

DRAGHICESCO (D.), chargé de cours à l'Université de Bucarest. L'Individu dans le déterminisme social. 1904. 7 fr. 50
— Le problème de la conscience. 1907. 3 fr. 75

Suite de la *Bibliothèque de philosophie contemporaine*, format in-8.

FOURNIÈRE (E.). *Les théories socialistes au XIX° siècle, de BABEUF à PROUDHON. 1904. 7 fr. 50

FULLIQUET. Essai sur l'Obligation morale. 1898. 7 fr. 50

GAROFALO, prof. à l'Université de Naples. La Criminologie. 5° édit. refondue. 7 fr. 50
— La Superstition socialiste. 1895. 5 fr.

GÉRARD-VARET, prof. à l'Univ. de Dijon. L'Ignorance et l'Irréflexion. 1899. 5 fr.

GLEY (D' E.), professeur agrégé à la Faculté de médecine de Paris. Études de psychologie physiologique et pathologique, avec fig. 1903. 5 fr.

GOBLOT (E.), Prof. à l'Université de Caen. *Classification des sciences. 1898. 5 fr.

GORY (G.). L'Immanence de la raison dans la connaissance sensible. 5 fr.

GRASSET (J.), professeur à la Faculté de médecine de Montpellier. Demifous et demiresponsables. 1907. 5 fr.

GREEF (de), prof. à l'Univ. nouvelle de Bruxelles. Le Transformisme social. 7 fr. 50
— La Sociologie économique. 1904. 3 fr. 75

GROOS (K.), prof. à l'Université de Bâle. *Les jeux des animaux. 1902. 7 fr. 50

GURNEY, MYERS et PODMORE. Les Hallucinations télépathiques, préf. de CH. RICHET. 4° édit. 7 fr. 50

GUYAU (M.). *La Morale anglaise contemporaine. 5° édit. 7 fr. 50
— Les Problèmes de l'esthétique contemporaine. 6° édit. 5 fr.
— Esquisse d'une morale sans obligation ni sanction. 6° édit. 5 fr.
— L'Irréligion de l'avenir, étude de sociologie. 9° édit. 7 fr. 50
— *L'Art au point de vue sociologique. 6° édit. 7 fr. 50
— *Éducation et Hérédité, étude sociologique. 7° édit. 5 fr.

HALÉVY (Élie), docteur ès lettres, professeur à l'École des sciences politiques. *La Formation du radicalisme philosophique, 3 vol., chacun 7 fr. 50

HANNEQUIN, prof. à l'Univ. de Lyon. L'hypothèse des atomes. 2° édit. 1899. 7 fr. 50

HARTENBERG (D' Paul). Les Timides et la Timidité. 2° édit. 1904. 5 fr.

HÉBERT (Marcel), prof. à l'Université nouvelle de Bruxelles. L'Évolution de la foi catholique. 1905. 5 fr.
— Le divin. *Expériences et hypothèses. Études psychologiques.* 1907. 5 fr.

HÉMON (C.), agrégé de philosophie. La philosophie de M. Sully Prudhomme. Préface de M. SULLY PRUDHOMME. 1907. 7 fr. 50

HERBERT SPENCER. *Les premiers Principes. Traduc. Cazelles. 9° édit. 10 fr.
— *Principes de biologie. Traduct. Cazelles. 4° édit. 2 vol. 20 fr.
— *Principes de psychologie. Trad. par MM. Ribot et Espinas. 2 vol. 20 fr.
— *Principes de sociologie. 5 vol., traduits par MM. Cazelles, Gerschel et de Varigny : Tome I. *Données de la sociologie.* 10 fr. — Tome II. *Inductions de la sociologie. Relations domestiques.* 7 fr. 50. — Tome III. *Institutions cérémonielles et politiques.* 5 fr. — Tome IV. *Institutions ecclésiastiques.* 3 fr. 75. — Tome V. *Institutions professionnelles.* 7 fr. 50.
— *Essais sur le progrès. Trad. A. Burdeau. 5° édit. 7 fr. 50
— Essais de politique. Trad. A. Burdeau. 4° édit. 7 fr. 50
— Essais scientifiques. Trad. A. Burdeau. 3° édit. 7 fr. 50
— *De l'Éducation physique, intellectuelle et morale. 10° édit. 5 fr.
— Justice. Traduc. Castelot. 7 fr. 50
— Le rôle moral de la bienfaisance. Trad. Castelot et Martin St-Léon. 7 fr. 50
— La Morale des différents peuples. Trad. Castelot et Martin St-Léon. 7 fr. 50
— Une Autobiographie. Trad. et adaptation H. de Varigny. 10 fr.

HIRTH (G.). *Physiologie de l'Art. Trad. et introd. de L. Arréat. 5 fr.

HOFFDING, prof. à l'Univ. de Copenhague. Esquisse d'une psychologie fondée sur l'expérience. Trad. L. POITEVIN. Préf. de Pierre JANET. 2° éd. 1903. 7 fr. 50
— *Histoire de la Philosophie moderne. Traduit de l'allemand par M. BORDIER, préf. de M. V. DELBOS. 1906. 2 vol. Chacun 10 fr.

ISAMBERT (G.). Les idées socialistes en France (1815-1848). 1905. 7 fr. 50

JACOBY (D' P.). Études sur la sélection chez l'homme. 2° édition. 1904. 10 fr.

JANET (Paul), de l'Institut, *Œuvres philosophiques de Leibniz. 2° édition. 2 vol. 1900. 20 fr.

JANET (Pierre), professeur au Collège de France. *L'Automatisme psychologique. 5° édit. 1907. 7 fr. 50

JAURÈS (J.), docteur ès lettres. De la réalité du monde sensible. 2° éd. 1902. 7 fr. 50

KARPPE (S.), docteur ès lettres. Essais de critique d'histoire et de philosophie. 1902. 3 fr. 75

Suite de la *Bibliothèque de philosophie contemporaine*, format in-8.

RIBOT (Th.), de l'Institut. Essai sur les passions. 1907.   3 fr. 75

RICARDOU (A.), docteur ès lettres. * De l'Idéal. (Couronné par l'Institut.)   5 fr.

RICHARD (G.), chargé du cours de sociologie à l'Univ. de Bordeaux. * L'idée d'évolution dans la nature et dans l'histoire. 1903. (Couronné par l'Institut.) 7 fr. 50

RIEMANN (H.), prof. à l'Université de Leipzig. Les éléments de l'esthétique musicale. Trad. de l'allemand par M. G. Humbert. 1906.   5 fr.

RIGNANO (E.). Sur la transmissibilité des caractères acquis. *Hypothèse d'une centro-epigenèse*. 1906.   5 fr.

RIVAUD (A.), maître de conf. à l'Univ. de Rennes. Les notions d'essence et d'existence dans la philosophie de Spinoza. 1906.   3 fr. 75

ROBERTY (E. de). L'Ancienne et la Nouvelle philosophie.   7 fr. 50

— * La Philosophie du siècle (positivisme, criticisme, évolutionnisme).   5 fr.

— Nouveau Programme de sociologie. 1904.   5 fr.

ROMANES. * L'Évolution mentale chez l'homme.   7 fr. 50

RUYSSEN (Th.), chargé de cours à l'Université de Dijon. * Essai sur l'évolution psychologique du jugement.   5 fr.

SAIGEY (E.). * Les Sciences au XVIII° siècle. La Physique de Voltaire.   5 fr.

SAINT-PAUL (Dr G.). Le Langage intérieur et les paraphasies. 1904.   5 fr.

SANZ Y ESCARTIN. L'Individu et la Réforme sociale, trad. Dietrich.   7 fr. 50

SCHOPENHAUER. Aphor. sur la sagesse dans la vie. Trad. Cantacuzène. 7° éd. 5 fr.

— * Le Monde comme volonté et comme représentation. 3° éd. 3 vol., chac. 7 fr. 50

SÉAILLES (G.), prof. à la Sorbonne. Essai sur le génie dans l'art. 2° édit. 5 fr.

— * La Philosophie de Ch. Renouvier. *Introduction au néo-criticisme*. 1905. 7 fr. 50

SIGHELE (Scipio). La Foule criminelle. 2° édit. 1901.   5 fr.

SOLLIER. Le Problème de la mémoire. 1900.   3 fr. 75

— Psychologie de l'idiot et de l'imbécile, avec 12 pl. hors texte. 2° éd. 1902. 5 fr.

— Le Mécanisme des émotions. 1905.   5 fr.

SOURIAU (Paul), prof. à l'Univ. de Nancy. L'Esthétique du mouvement.   5 fr.

— La Beauté rationnelle. 1904.   10 fr.

STAPFER (P.), doyen honoraire de la Faculté des lettres de Bordeaux. Questions esthétiques et religieuses. 1906.   3 fr. 75

STEIN (L.), professeur à l'Université de Berne. * La Question sociale au point de vue philosophique. 1900.   10 fr.

STUART MILL. * Mes Mémoires. Histoire de ma vie et de mes idées. 3° éd.   5 fr.

— * Système de Logique déductive et inductive. 4° édit. 2 vol.   20 fr.

— * Essais sur la Religion. 3° édit.   5 fr.

— Lettres inédites à Aug. Comte et réponses d'Aug. Comte. 1899.   10 fr.

SULLY (James). Le Pessimisme. Trad. Bertrand. 2° édit.   7 fr. 50

— * Études sur l'Enfance. Trad. A. Monod, préface de G. Compayré. 1898.   10 fr.

— Essai sur le rire. Trad. Terrier. 1904.   7 fr. 50

SULLY-PRUDHOMME, de l'Acad. franç. La vraie religion selon Pascal. 1905. 7 fr. 50

TARDE (G.), de l'Institut, prof. au Coll. de France. * La Logique sociale. 3° éd. 1898. 7 fr. 50

— * Les Lois de l'imitation. 3° édit. 1900.   7 fr. 50

— L'Opposition universelle. *Essai d'une théorie des contraires*. 1897.   7 fr. 50

— * L'Opinion et la Foule. 2° édit. 1904.   5 fr.

— * Psychologie économique. 1902. 2 vol.   15 fr.

TARDIEU (E.). L'Ennui. *Étude psychologique*. 1903.   5 fr.

THOMAS (P.-F.), docteur ès lettres. * Pierre Leroux, sa philosophie. 1904.   5 fr.

— * L'Éducation des sentiments. (Couronné par l'Institut.) 3° édit. 1904.   5 fr.

VACHEROT (Et.), de l'Institut. * Essais de philosophie critique.   5 fr. 50

— La Religion.   7 fr. 50

WEBER (L.). * Vers le positivisme absolu par l'idéalisme. 1903.   7 fr. 50

COLLECTION HISTORIQUE DES GRANDS PHILOSOPHES

PHILOSOPHIE ANCIENNE

ARISTOTE. La Poétique d'Aristote, par HATZFELD (A.), et M. DUFOUR. 1 vol. in-8. 1900. 6 fr.

SOCRATE. *Philosophie de Socrate, par A. FOUILLÉE. 2 v. in-8. 16 fr.

— Le Procès de Socrate, par G. SOREL. 1 vol. in-8. 3 fr. 50

PLATON. La Théorie platonicienne des Sciences, par ÉLIE HALÉVY. In-8. 1895. 5 fr.

— Œuvres, traduction VICTOR COUSIN revue par J. BARTHÉLEMY-SAINT-HILAIRE : Socrate et Platon ou le Platonisme — Euthyphron — Apologie de Socrate — Criton — Phédon. 1 vol. in-8. 1896. 7 fr. 50

ÉPICURE. *La Morale d'Épicure et ses rapports avec les doctrines contemporaines, par M. GUYAU. 1 volume in-8. 5e édit. 7 fr. 50

BÉNARD. La Philosophie ancienne, ses systèmes. La Philosophie et la Sagesse orientales. — La Philosophie grecque avant Socrate. Socrate et les socratiques. — Les sophistes grecs. 1 v. in-8. 9 fr.

FAVRE (Mme Jules), née VELTEN. La Morale de Socrate. In-18. 3.50

— Morale d'Aristote. In-18. 3 fr. 50

OUVRÉ (H.) Les formes littéraires de la pensée grecque. In-8. 10 fr.

GOMPERZ. Les penseurs de la Grèce. Trad. REYMOND. (Trad. cour. par l'Acad. franç.):

I. La philosophie antésocratique. 1 vol. gr. in-8. 10 fr.

II. *Athènes, Socrate et les Socratiques. 1 vol. gr. in-8. 12 fr.

III. Sous presse)

RODIER (G.). *La Physique de Straton de Lampsaque. In-8. 3 fr.

TANNERY (Paul). Pour la science hellène. In-8. 7 fr. 50

MILHAUD (G.). *Les philosophes géomètres de la Grèce. In-8. 1900. (Couronné par l'Inst.) 6 fr.

FABRE (Joseph) La Pensée antique. De Moïse à Marc-Aurèle. 2e éd. In-8. 5 fr.

— La Pensée chrétienne. Des Evangiles à l'Imitation de J.-C. In-8. 9 fr.

LAFONTAINE (A.). Le Plaisir, d'après Platon et Aristote. In-8. 6 fr.

RIVAUD (A.), maître de conf. à l'Univ. de Rennes. Le problème du devenir et la notion de la matière, des origines jusqu'à Théophraste. In-8. 1906. 10 fr.

GUYOT (H.), docteur ès lettres. L'infinité divine depuis Philon le Juif jusqu'à Plotin. In-8. 1906. 5 fr.

— Les réminiscences de Philon le Juif chez Plotin. Étude critique. Broch. in-8. 2 fr.

PHILOSOPHIE MÉDIÉVALE ET MODERNE

• DESCARTES, par L. LIARD, de l'Institut. 2e éd. 1 vol. in-8. 5 fr.

— Essai sur l'Esthétique de Descartes, par E. KRANTZ. 1 vol. in-8. 2e éd. 1897. 6 fr.

— Descartes, directeur spirituel, par V. de SWARTE. Préface de E. BOUTROUX. 1 vol. in-16 avec pl. (Couronné par l'Institut). 4 fr. 50

LEIBNIZ. *Œuvres philosophiques, pub. par P. JANET. 2e éd. 2 vol. in-8. 20 fr.

— *La logique de Leibniz, par L. COUTURAT. 1 vol. in-8. 12 fr.

— Opuscules et fragments inédits de Leibniz, par L. COUTURAT. 1 vol. in-8. 25 fr.

— Leibniz et l'organisation religieuse de la Terre, d'après des documents inédits, par JEAN BARUZI. 1 vol. in-8. 10 fr.

PICAVET, chargé de cours à la Sorbonne. Histoire générale et comparée des philosophies médiévales. 1 vol. in-8. 2e éd. 1907. 7 fr. 50

WULF (M. de) Histoire de la philos. médiévale. 2e éd. In-8. 10 fr.

FABRE (JOSEPH). *L'Imitation de Jésus-Christ. Trad. nouvelle avec préface. In-8. 7 fr.

SPINOZA. Benedicti de Spinoza opera, quotquot reperta sunt, recognoverunt J. Van Vloten et J.-P.-N. Land. 2 forts vol. in-8 sur papier de Hollande. 45 fr.

Le même en 3 volumes. 18 fr.

FIGARD (L.), docteur ès lettres. Un Médecin philosophe au XVIe siècle. La Psychologie de Jean

Fernel. 1 v. in-8. 1903.. 7 fr. 50
GASSENDI. **La Philosophie de Gassendi**, par P.-F. Thomas. In-8. 1889 .... 6 fr.
MALEBRANCHE. * **La Philosophie de Malebranche**, par Ollé-Laprune, de l'Institut. 2 v. in-8. 16 fr.
PASCAL. **Le scepticisme de Pascal**, par Droz. 1 vol. in-8 .... 6 fr.
VOLTAIRE. — **Les Sciences au XVIII° siècle.** Voltaire physicien, par Ém. Saigey. 1 vol. in-8. 5 fr.
DAMIRON. **Mémoires pour servir** à l'histoire de la philosophie au XVIII° siècle. 3 vol. in-8. 15 fr.
J.-J. ROUSSEAU. **Du Contrat social**, édition comprenant avec le texte définitif les versions primitives de l'ouvrage d'après les manuscrits de Genève et de Neuchâtel, avec introduction par Edmond Dreyfus Brisac. 1 fort volume grand in-8. 12 fr.
ERASME. **Stultitiæ laus, des. Erasmi Rot. declamatio.** Publié et annoté par J.-B. Kan, avec les figures de Holbein. 1 v. in-8. 6 fr. 75

PHILOSOPHIE ANGLAISE

DUGALD STEWART. * **Éléments de la philosophie de l'esprit humain.** 3 vol. in-16 .... 9 fr.
— * **Philosophie de François Bacon**, par Ch. Adam. (Couronné par l'Institut). In-8..... 7 fr. 50
BERKELEY. **Œuvres choisies.** *Essai d'une nouvelle théorie de la vision. Dialogues d'Hylas et de Philonous.* Trad. de l'angl. par MM. Beaulavon (G.) et Parodi (D.). In-8. 5 fr.

PHILOSOPHIE ALLEMANDE

FEUERBACH. **Sa philosophie**, par A. Lévy. 1 vol. in-8 .... 10 fr.
JACOBI. **Sa Philosophie**, par L. Lévy-Bruhl. 1 vol. in-8 ...... 5 fr.
KANT. **Critique de la raison pratique**, traduction nouvelle avec introduction et notes, par M. Picavet. 2° édit. 1 vol. in-8.. 6 fr.
— * **Critique de la raison pure**, traduction nouvelle par MM. Pacaud et Tremesaygues. Préface de M. Hannequin. 1 vol. in-8.. 12 fr.
— **Éclaircissements sur la Critique de la raison pure**, trad. Tissot. 1 vol. in-8 .... 6 fr.
— **Doctrine de la vertu**, traduction Barni. 1 vol. in-8......... 8 fr.
— * **Mélanges de logique**, traduction Tissot. 1 v. in-8..... 6 fr.
— * **Prolégomènes à toute métaphysique future qui se présentera comme science**, traduction Tissot. 1 vol. in-8....... 6 fr.
— * **Essai critique sur l'Esthétique de Kant**, par V. Basch. 1 vol. in-8. 1896...... 10 fr.
— **Sa morale**, par Cresson. 2° éd. 1 vol. in-12 .... 2 fr. 50
— **L'Idée ou critique du Kantisme**, par C. Piat, Dʳ ès lettres. 2° édit. 1 vol. in-8...... 6 fr.
KANT et FICHTE et le problème de l'éducation, par Paul Duproix. 1 vol. in-8. 1897...... 5 fr.
SCHELLING. **Bruno; ou du principe divin.** 1 vol. in-8....... 3 fr. 50
HEGEL. * **Logique.** 2 vol. in-8. 14 fr.
— * **Philosophie de la nature.** 3 vol. in-8............ 25 fr.
— * **Philosophie de l'esprit.** 2 vol. in-8................ 18 fr.
— * **Philosophie de la religion.** 2 vol. in-8............ 20 fr.
— **La Poétique**, trad. par M. Ch. Bénard. Extraits de Schiller, Gœthe, Jean-Paul, etc., 2 v. in-8. 12 fr.
— **Esthétique.** 2 vol. in-8, trad. Bénard .... 16 fr.
— **Antécédents de l'hégélianisme dans la philos. franç.**, par É. Beaussire. In-18. 2 fr. 50
— **Introduction à la philosophie de Hegel**, par Véra. in-8. 6 fr. 50
— * **La logique de Hegel**, par Eug. Noël. In-8. 1897..... 3 fr.
HERBART. * **Principales œuvres pédagogiques**, trad. A. Pinloche. In-8. 1894.......... 7 fr. 50
La métaphysique de Herbart et la critique de Kant, par M. Mauxion. 1 vol. in-8... 7 fr. 50
MAUXION (M.). **L'éducation par l'instruction** *et les théories pédagogiques de Herbart.* 2° éd. In-12. 1906............ 2 fr. 50
SCHILLER. — **Sa Poétique**, par V. Basch. 1 vol. in-8. 1902... 4 fr.
Essai sur le mysticisme spéculatif en Allemagne au XIV° siècle, par Delacroix (H.), maître de conf. à l'Univ. de Caen. 1 vol. in-8. 1900...... 5 fr.

BIBLIOTHÈQUE
D'HISTOIRE CONTEMPORAINE

Volumes in-12 brochés à 3 fr. 50. — Volumes in-8 brochés de divers prix

EUROPE

DEBIDOUR, professeur à la Sorbonne. * Histoire diplomatique de l'Europe, de 1815 à 1878. 2 vol. in-8. (*Ouvrage couronné par l'Institut.*) 18 fr.

DOELLINGER (I. de). La papauté, ses origines au moyen âge, son influence jusqu'en 1870. Traduit par A. GIRAUD-TEULON, 1904. 1 vol. in-8. 7 fr.

SYBEL (H. de). * Histoire de l'Europe pendant la Révolution française, traduit de l'allemand par Mlle Dosquet. Ouvrage complet en 6 vol. in-8. 42 fr.

TARDIEU (A.) *Questions diplomatiques de l'année 1904. 1 vol. in-12. (*ouvrage couronné par l'Académie française*). 3 fr. 50

FRANCE
Révolution et Empire

AULARD, professeur à la Sorbonne. *Le Culte de la Raison et le Culte de l'Être suprême, étude historique (1793-1794). 2e édit. 1 vol. in-12. 3 fr. 50

— *Études et leçons sur la Révolution française. 5 v. in-12. Chacun. 3 fr. 50

DUMOULIN (Maurice). *Figures du temps passé. 1 vol. in-16. 1906. 3 fr. 50

MOLLIEN (Cte). Mémoires d'un ministre du trésor public (1780-1815), publiés par M. Ch. Gomel. 3 vol. in-8. 15 fr.

BOITEAU (P.). État de la France en 1789. Deuxième éd. 1 vol. in-8. 10 fr.

BORNARD (E.), doct. ès-lettres. Cambon et la Révolution française. In-8. 7 fr.

CAHEN (L.), agrégé d'histoire, docteur ès lettres. * Condorcet et la Révolution française. 1 vol. in-8. (*Récompensé par l'Institut.*) 10 fr.

DESPOIS (Eug.). *Le Vandalisme révolutionnaire. Fondations littéraires, scientifiques et artistiques de la Convention. 4e édit. 1 vol. in-12. 3 fr. 50

DEBIDOUR, professeur à la Sorbonne. *Histoire des rapports de l'Église et de l'État en France (1789-1870). 1 fort vol. in-8. 1898. (*Couronné par l'Institut.*) 12 fr.

— *L'Église catholique et l'État en France sous la troisième République (1870-1906). — I. (1870-1889), 1 vol. in-8. 1906. 7 fr. — II. (1889-1906), paraîtra en 1907.

GOMEL (C.). Les causes financières de la Révolution française. Les ministères de Turgot et de Necker. 1 vol. in-8. 8 fr.

— Les causes financières de la Révolution française ; les derniers contrôleurs généraux. 1 vol. in-8. 8 fr.

— Histoire financière de l'Assemblée Constituante (1789-1791). 2 vol. in-8, 16 fr. — Tome I : (1789), 8 fr. ; tome II : (1790-1791), 8 fr.

— Histoire financière de la Législative et de la Convention. 2 vol. in-8, 15 fr. — Tome I : (1792-1793), 7 fr. 50. tome II : (1793-1795), 7 fr. 50

MATHIEZ (A.), agrégé d'histoire, docteur ès lettres. La théophilanthropie et le culte décadaire. 1796-1801. 1 vol. in-8. 12 fr.

— Contributions à l'histoire religieuse de la Révolution française. In-16, 1906. 3 fr. 50

ISAMBERT (G.). *La vie à Paris pendant une année de la Révolution (1791-1792). In-16. 1896. 3 fr. 50

MARCELLIN PELLET, ancien député. Variétés révolutionnaires. 3 vol. in-12, précédés d'une préface de A. Ranc. Chaque vol. séparém. 3 fr. 50

CARNOT (H.), sénateur. * La Révolution française, résumé historique. In-16. Nouvelle édit. 3 fr. 50

DRIAULT (E.), professeur au lycée de Versailles. La politique orientale de Napoléon. Sébastiani et Gardane (1806-1808). 1 vol. in-8. (*Récompensé par l'Institut.*) 7 fr.

— *Napoléon en Italie (1800-1812). 1 vol. in-8. 1906. 10 fr.

SILVESTRE, professeur à l'École des sciences politiques. De Waterloo à Sainte-Hélène (20 Juin-16 Octobre 1815). 1 vol. in-16. 3 fr. 50

BONDOIS (P.), agrégé de l'Université. *Napoléon et la société de son temps (1793-1821). 1 vol. in-8. 7 fr.

VALLAUX (C.). *Les campagnes des armées françaises (1792-1815). In-16, avec 17 cartes dans le texte. 3 fr. 50

Epoque contemporaine

SCHEFER (Ch.), professeur à l'Ecole des sciences politiques. *La France moderne et le problème colonial. I. (1815-1830). 1 vol. in-8.   7 fr.

WEILL (G.), maître de conf. à l'Université de Caen. Histoire du parti républicain en France, de 1814 à 1870. 1 vol. in-8. 1900. (*Récompensé par l'Institut.*)   10 fr.

— Histoire du mouvement social en France (1852-1902). 1 v. in-8. 1905. 7 fr.

— L'Ecole saint-simonienne, son histoire, son influence jusqu'à nos jours. In-16. 1896.   3 fr. 50

BLANC (Louis). *Histoire de Dix ans (1830-1840). 5 vol. in-8.   25 fr.

GAFFAREL (P.), professeur à l'Université d'Aix. * **Les Colonies françaises.** 1 vol. in-8. 6ᵉ édition revue et augmentée.   5 fr.

LAUGEL (A.). * La France politique et sociale. 1 vol. in-8.   5 fr.

SPULLER (E.), ancien ministre de l'Instruction publique. *Figures disparues, portraits contemp., littér. et politiq. 3 vol. in-16. Chacun.   3 fr. 50

— Hommes et choses de la Révolution. In-16. 1896.   3 fr. 50.

TAXILE-DELORD. *Histoire du second Empire (1848-1870). 6 v. in-8.   42 fr.

TCHERNOFF (J.). Associations et Sociétés secrètes sous la deuxième République (1848-1851). 1 vol. in-8. 1905.   7 fr.

ZEVORT (E.), recteur de l'Académie de Caen. Histoire de la troisième République :

    Tome I. *La présidence de M. Thiers. 1 vol. in-8. 3ᵉ édit.   7 fr.
    Tome II. *La présidence du Maréchal. 1 vol. in-8. 2ᵉ édit.   7 fr.
    Tome III. *La présidence de Jules Grévy. 1 vol. in-8. 2ᵉ édit.   7 fr.
    Tome IV. La présidence de Sadi Carnot. 1 vol. in-8.   7 fr.

LANESSAN (J.-L. de). L'Etat et les Eglises de France. *Histoire de leurs rapports, des origines jusqu'à la Séparation.* 1 vol. in-16. 1906.   3 fr. 50

— Les Missions et leur protectorat. 1 vol. in-16. 1907.   3 fr. 50

WAHL, inspect. général, A. BERNARD, professeur à la Sorbonne. *L'Algérie. 1 vol. in-8. 4ᵉ édit., 1903. (*Ouvrage couronné par l'Institut.*)   5 fr.

NOEL (O.). Histoire du commerce extérieur de la France depuis la Révolution. 1 vol. in-8.   6 fr.

DUVAL (J.). L'Algérie et les colonies françaises, avec une notice biographique sur l'auteur, par J. LEVASSEUR, de l'Institut. 1 vol. in-8. 7 fr. 50

VIGNON (L.), professeur à l'Ecole coloniale. La France dans l'Afrique du nord. 2ᵉ édition. 1 vol. in-8. (*Récompensé par l'Institut.*)   7 fr.

— Expansion de la France. 1 vol. in-18.   3 fr. 50

LANESSAN (J.-L. de). *L'Indo-Chine française. Étude économique, politique et administrative. 1 vol. in-8, avec 5 cartes en couleurs hors texte. 15 fr.

PIOLET (J.-B.). La France hors de France, notre émigration, sa nécessité, ses conditions. 1 vol. in-8. 1900. (*Couronné par l'Institut.*)   10 fr.

LAPIE (P.), professeur à l'Université de Bordeaux. * **Les Civilisations tunisiennes** (Musulmans, Israélites, Européens). In-16. 1898. (*Couronné par l'Académie française.*)   3 fr. 50

LEBLOND (Marius-Ary). La société française sous la troisième République. 1905. 1 vol.   5 fr.

GAISMAN (A.). *L'Œuvre de la France au Tonkin. Préface de M. J.-L. de LANESSAN. 1 vol. in-16 avec 4 cartes en couleurs. 1906.   3 fr. 50

ANGLETERRE

MÉTIN (Albert), Prof. à l'Ecole Coloniale. * **Le Socialisme en Angleterre.** In-16.   3 fr. 50

ALLEMAGNE

SCHMIDT (Ch.), docteur ès lettres. Le grand duché de Berg (1806-1813). 1905. 1 vol. in-8.   10 fr.

VERON (Eug.). * **Histoire de la Prusse,** depuis la mort de Frédéric II. In-16. 6ᵉ édit.   3 fr. 50

— * **Histoire de l'Allemagne,** depuis la bataille de Sadowa jusqu'à nos jours. In-16. 3ᵉ éd., mise au courant des événements par P. BONDOIS.   3 fr. 50

ANDLER (Ch.), prof. à la Sorbonne. *Les origines du socialisme d'État en Allemagne. 1 vol. in-8. 1897.   7 fr.

GUILLAND (A.), professeur d'histoire à l'Ecole polytechnique suisse. *L'Allemagne nouvelle et ses historiens. (NIEBUHR, RANKE, MOMMSEN, SYBEL, TREITSCHKE.) 1 vol. in-8. 1899.   5 fr.

MILHAUD (G.), professeur à l'Université de Genève. *La Démocratie socialiste allemande. 1 vol. in-8. 1903.   10 fr.

MATTER (P.), doct. en droit, substitut au tribunal de la Seine. *La Prusse et la révolution de 1848. In-16. 1903. 3 fr. 50
— *Bismarck et son temps. I. *La préparation* (1815-1863). 1 vol. in-8. 10 fr.
II. *L'action* (1863-1870). 1 vol. in-8. 10 fr.

AUTRICHE-HONGRIE

BOURLIER (J.). * Les Tchèques et la Bohême contemporaine. In-16. 1897. 3 fr. 50
AUERBACH, professeur à l'Université de Nancy. *Les races et les nationalités en Autriche-Hongrie. In-8. 1898. 5 fr.
SAYOUS (Ed.), professeur à la Faculté des lettres de Besançon. Histoire des Hongrois et de leur littérature politique, de 1790 à 1815. In-16. 3 fr. 50
*RECOULY (R.), agrégé de l'Univ. Le pays magyar. 1903. In-16. 3 fr. 50

RUSSIE

COMBES DE LESTRADE (Vte). La Russie économique et sociale à l'avènement de Nicolas II. 1 vol. in-8. 6 fr.

ITALIE

COMBES DE LESTRADE (Vte). La Sicile sous la maison de Savoie. 1 vol. in-18. 3 fr. 50
SORIN (Élie). *Histoire de l'Italie, depuis 1815 jusqu'à la mort de Victor-Emmanuel. In-16. 1888. 3 fr. 50
GAFFAREL (P.), professeur à l'Université d'Aix. *Bonaparte et les Républiques italiennes (1796-1799). 1895. 1 vol. in-8. 5 fr.
BOLTON KING (M. A.). *Histoire de l'unité italienne. Histoire politique de l'Italie, de 1814 à 1871, traduit de l'anglais par M. MACQUART; introduction de M. Yves GUYOT. 1900. 2 vol. in-8. 15 fr.

ESPAGNE

REYNALD (H.). * Histoire de l'Espagne, depuis la mort de Charles III. In-16. 3 fr. 50

ROUMANIE

DAMÉ (Fr.). * Histoire de la Roumanie contemporaine, depuis l'avènement des princes indigènes jusqu'à nos jours. 1 vol. in-8. 1900. 7 fr.

SUISSE

DAENDLIKER. *Histoire du peuple suisse. Trad. de l'allem. par Mme Jules FAVRE et précédé d'une Introduction de Jules FAVRE. 1 vol. in-8. 5 fr.

SUÈDE

SCHEFER (C.). * Bernadotte roi (1810-1818-1844). 1 vol. in-8. 1899. 5 fr.

GRÈCE, TURQUIE, ÉGYPTE

BÉRARD (V.), docteur ès lettres. * La Turquie et l'Hellénisme contemporain. (*Ouvrage cour. par l'Acad. française*). In-16 5e éd. 3 fr. 50
RODOCANACHI (E.). *Bonaparte et les îles Ioniennes (1797-1816). 1 volume in-8. 1899. 5 fr.
MÉTIN (Albert), professeur à l'École coloniale. *La Transformation de l'Egypte. In-16. 1903. (Cour. par la Soc. de géogr. comm.) 3 fr. 50

INDE

PIRIOU (E.), agrégé de l'Université. *L'Inde contemporaine et le mouvement national. 1905. 1 vol. in-16. 3 fr. 50

CHINE

CORDIER (H.), professeur à l'École des langues orientales. *Histoire des relations de la Chine avec les puissances occidentales (1860-1902), avec cartes. 3 vol. in-8, chacun séparément. 10 fr.
— L'Expédition de Chine de 1857-58. Histoire diplomatique, notes et documents. 1905. 1 vol. in-8. 7 fr.
— *L'Expédition de Chine de 1860. Histoire diplomatique, notes et documents. 1906. 1 vol. in-8. 7 fr.
COURANT (M.), maître de conférences à l'Université de Lyon. En Chine. *Mœurs et institutions. Hommes et faits*. 1 vol. in-16. 3 fr. 50

AMÉRIQUE

ELLIS STEVENS. Les Sources de la constitution des États-Unis. 1 vol. in-8. 7 fr. 50
DEBERLE (Alf.). * Histoire de l'Amérique du Sud, in-16. 3e éd. 3 fr. 50

BARNI (Jules). * Histoire des idées morales et politiques en France au XVIII° siècle. 2 vol. in-16. Chaque volume. 3 fr. 50
— * Les Moralistes français au XVIII° siècle. In-16. 3 fr. 50
BEAUSSIRE (Émile), de l'Institut. La Guerre étrangère et la Guerre civile. In-16. 3 fr. 50
LOUIS BLANC. Discours politiques (1848-1881). 1 vol. in-8. 7 fr. 50
BONET-MAURY. * Histoire de la liberté de conscience (1598-1870). In-8. 1900. 5 fr.
BOURDEAU (J.). * Le Socialisme allemand et le Nihilisme russe. In-16. 2° édit. 1894. 3 fr. 50
— * L'évolution du Socialisme. 1901. 1 vol. in-16. 3 fr. 50
D'EICHTHAL (Eug.). Souveraineté du peuple et gouvernement. In-16. 1895. 3 fr. 50
DESCHANEL (E.), sénateur, professeur au Collège de France. *Le Peuple et la Bourgeoisie. 1 vol. in-8. 2° édit. 5 fr.
DEPASSE (Hector), député. Transformations sociales. 1894. In-16. 3 fr. 50
— Du Travail et de ses conditions (Chambres et Conseils du travail). In-16. 1895. 3 fr. 50
DRIAULT (E.), prof. agr. au lycée de Versailles. * Les problèmes politiques et sociaux à la fin du XIX° siècle. In-8. 1900. 7 fr.
— * La question d'Orient, préface de G. MONOD, de l'Institut. 1 vol. in-8. 3° édit. 1905. (Ouvrage couronné par l'Institut). 7 fr.
GUÉROULT (G.). * Le Centenaire de 1789. In-16. 1889. 3 fr. 50
LAVELEYE (E. de), correspondant de l'Institut. Le Socialisme contemporain. In-16. 11° édit. augmentée. 3 fr. 50
LICHTENBERGER (A.). * Le Socialisme utopique, étude sur quelques précurseurs du Socialisme. In-16. 1898. 3 fr. 50
— * Le Socialisme et la Révolution française. 1 vol. in-8. 5 fr.
MATTER (P.). La dissolution des assemblées parlementaires, étude de droit public et d'histoire. 1 vol. in-8. 1898. 5 fr.
NOVICOW. La Politique internationale. 1 vol. in-8. 7 fr.
PAUL LOUIS. L'ouvrier devant l'État. Étude de la législation ouvrière dans les deux mondes. 1904. 1 vol. in-8. 7 fr.
— Histoire du mouvement syndical en France (1789-1906). 1 vol. in-16. 1907. 3 fr. 50
REINACH (Joseph), député. Pages républicaines. In-16. 3 fr. 50
— *La France et l'Italie devant l'histoire. 1 vol. in-8. 5 fr.
SPULLER (E.). * Éducation de la démocratie. In-16. 1892. 3 fr. 50
— L'Évolution politique et sociale de l'Église. 1 vol. in-12. 1893. 3 fr. 50

PUBLICATIONS HISTORIQUES ILLUSTRÉES

*DE SAINT-LOUIS A TRIPOLI PAR LE LAC TCHAD, par le lieutenant-colonel MONTEIL. 1 beau vol. in-8 colombier, précédé d'une préface de M. DE VOGÜE, de l'Académie française, illustrations de RIOU. 1895. *Ouvrage couronné par l'Académie française (Prix Montyon)*. broché 20 fr., relié amat., 28 fr.

*HISTOIRE ILLUSTRÉE DU SECOND EMPIRE, par Taxile DELORD. 6 vol. in-8, avec 500 gravures. Chaque vol. broché, 8 fr.

BIBLIOTHÈQUE DE LA FACULTÉ DES LETTRES
DE L'UNIVERSITÉ DE PARIS

HISTOIRE et LITTÉRATURE ANCIENNES

*De l'authenticité des épigrammes de Simonide, par M. le Professeur H. HAUVETTE, 1 vol. in-8. 5 fr.
*Les Satires d'Horace, par M. le Prof. A. CARTAULT. 1 vol. in-8. 11 fr.
*De la flexion dans Lucrèce, par M. le Prof. A. CARTAULT. 1 vol. in-8. 4 fr.
*La main-d'œuvre industrielle dans l'ancienne Grèce, par M. le Prof. GUIRAUD. 1 vol. in-8. 7 fr.

*Recherches sur le Discours aux Grecs de Tatien, suivies d'une *traduction française du discours*, avec notes, par A. PUECH, professeur adjoint à la Sorbonne. 1 vol. in-8. 1903.   6 fr.
*Les « Métamorphoses » d'Ovide et leurs modèles grecs, par A. LAFAYE, professeur adjoint à la Sorbonne. 1 vol. in-8. 1904.   8 fr. 50

MOYEN AGE

*Premiers mélanges d'histoire du Moyen âge, par MM. le Prof. A. LUCHAIRE, DUPONT-FERRIER et POUPARDIN. 1 vol. in-8.   3 fr. 50
Deuxièmes mélanges d'histoire du Moyen âge, publiés sous la direct. de M. le Prof. A. LUCHAIRE, par MM. LUCHAIRE, HALPHEN et HUCKEL. 1 vol. in-8.   6 fr.
Troisièmes mélanges d'histoire du Moyen âge, par MM. le Prof. LUCHAIRE, BEYSSIER, HALPHEN et CORDEY. 1 vol. in-8.   8 fr. 50
Quatrièmes mélanges d'histoire du Moyen âge, par MM. JACQUEMIN, FARAL, BEYSSIER. 1 vol. in-8.   7 fr. 50
*Essai de restitution des plus anciens Mémoriaux de la Chambre des Comptes de Paris, par MM. J. PETIT, GAVRILOVITCH, MAURY et TÉODORU, préface de M. CH.-V. LANGLOIS, prof. adjoint. 1 vol. in-8. 9 fr.
Constantin V, empereur des Romains (740-775). *Étude d'histoire byzantine*, par A. LOMBARD, licencié ès lettres. Préface de M. Ch. DIEHL, prof. adjoint. 1 vol. in-8.   6 fr.
Étude sur quelques manuscrits de Rome et de Paris, par M. le Prof. A. LUCHAIRE, membre de l'Institut. 1 vol. in-8.   6 fr.
Les archives de la cour des comptes, aides et finances de Montpellier, par L. MARTIN-CHABOT, archiviste-paléographe. 1 vol. in-8. 8 fr.

PHILOLOGIE et LINGUISTIQUE

*Le dialecte alaman de Colmar (Haute-Alsace) en 1870, grammaire et lexique, par M. le Prof. VICTOR HENRY. 1 vol. in-8.   8 fr.
*Études linguistiques sur la Basse-Auvergne, phonétique historique du patois de Vinzelles (Puy-de-Dôme), par ALBERT DAUZAT. Préface de M. le Prof. A. THOMAS. 1 vol. in-8.   6 fr.
*Antinomies linguistiques, par M. le Prof. VICTOR HENRY. 1 v. in-8. 2 fr.
Mélanges d'étymologie française, par M. le Prof. A. THOMAS. In-8. 7 fr.
A propos du corpus Tibullianum. *Un siècle de philologie latine classique*, par M. le Prof. A. CARTAULT. 1 vol. in-8.   18 fr.

PHILOSOPHIE

L'imagination et les mathématiques selon Descartes, par P. BOUTROUX, licencié ès lettres. 1 vol. in-8.   2 fr.

GÉOGRAPHIE

La rivière Vincent-Pinzon. *Étude sur la cartographie de la Guyane*, par M. le Prof. VIDAL DE LA BLACHE, de l'Institut. In-8, avec grav. et planches hors texte.   6 fr.

LITTÉRATURE MODERNE

*Mélanges d'histoire littéraire, par MM. FREMINET, DUPIN et DES COGNETS. Préface de M. le prof. LANSON. 1 vol. in-8.   6 fr. 50

HISTOIRE CONTEMPORAINE

*Le treize vendémiaire an IV, par HENRY ZIVY. 1 vol. in-8.   4 fr.

TRAVAUX DE L'UNIVERSITÉ DE LILLE

PAUL FABRE. **La polyptyque du chanoine Benoît.** In-8.   3 fr. 50
A. PINLOCHE. *Principales œuvres de Herbart.*   7 fr. 50
A. PENJON. **Pensée et réalité,** de A. SPIR, trad. de l'allem. In-8. 10 fr.
— **L'énigme sociale.** 1902. 1 vol. in-8.   2 fr. 50
G. LEFÈVRE. *Les variations de Guillaume de Champeaux et la question des Universaux.** Étude suivie de documents originaux. 1898. 3 fr.
J. DEROCQUIGNY. **Charles Lamb.** *Sa vie et ses œuvres.* 1 vol. in-8 12 fr.

ANNALES DE L'UNIVERSITÉ DE LYON

Lettres intimes de J.-M. Alberoni adressées au comte J. Rocca, par Émile BOURGEOIS, 1 vol. in-8. 10 fr.
La républ. des Provinces-Unies, France et Pays-Bas espagnols, de 1630 à 1650, par A. WADDINGTON. 2 vol. in-8. 12 fr.
Le Vivarais, essai de géographie régionale, par BURDIN. 1 vol. in-8. 6 fr.

*RECUEIL DES INSTRUCTIONS

DONNÉES AUX AMBASSADEURS ET MINISTRES DE FRANCE
DEPUIS LES TRAITÉS DE WESTPHALIE JUSQU'A LA RÉVOLUTION FRANÇAISE

Publié sous les auspices de la Commission des archives diplomatiques
au Ministère des Affaires étrangères.

Beaux vol. in-8 rais., imprimés sur pap. de Hollande, avec Introduction et notes.

I. — AUTRICHE, par M. Albert SOREL, de l'Académie française. *Épuisé.*
II. — SUÈDE, par M. A. GEFFROY, de l'Institut. 20 fr.
III. — PORTUGAL, par le vicomte DE CAIX DE SAINT-AYMOUR. 20 fr.
IV et V. — POLOGNE, par M. Louis FARGES. 2 vol. 30 fr.
VI. — ROME, par M. G. HANOTAUX, de l'Académie française. 20 fr.
VII. — BAVIÈRE, PALATINAT ET DEUX-PONTS, par M. André LEBON. 25 fr.
VIII et IX. — RUSSIE, par M. Alfred RAMBAUD, de l'Institut. 2 vol.
Le 1er vol. 20 fr. Le second vol. 25 fr.
X. — NAPLES ET PARME, par M. Joseph REINACH, député. 20 fr.
XI. — ESPAGNE (1649-1750), par MM. MOREL-FATIO et LÉONARDON (t. I). 20 fr.
XII et XII *bis*. — ESPAGNE (1750-1789) (t. II et III), par les mêmes. 40 fr.
XIII. — DANEMARK, par M. A. GEFFROY, de l'Institut. 14 fr.
XIV et XV. — SAVOIE-MANTOUE, par M. HORRIC de BEAUCAIRE. 2 vol. 40 fr.
XVI. — PRUSSE, par M. A. WADDINGTON. 1 vol. (Couronné par l'Institut.) 28 fr.

*INVENTAIRE ANALYTIQUE
DES ARCHIVES DU MINISTÈRE DES AFFAIRES ÉTRANGÈRES
Publié sous les auspices de la Commission des archives diplomatiques

Correspondance politique de MM. de CASTILLON et de MARILLAC, ambassadeurs de France en Angleterre (1537-1542), par M. JEAN KAULEK, avec la collaboration de MM. Louis Farges et Germain Lefèvre-Pontalis. 1 vol. in-8 raisin. 15 fr.
Papiers de BARTHÉLEMY, ambassadeur de France en Suisse, de 1792 à 1797 par M. Jean KAULEK. 4 vol. in-8 raisin.
I. Année 1792, 15 fr. — II. Janvier-août 1793, 15 fr. — III. Septembre 1793 à mars 1794, 18 fr. — IV. Avril 1794 à février 1795, 20 fr. —
V. Septembre 1794 à Septembre 1796 20 fr.
Correspondance politique de ODET DE SELVE, ambassadeur de France en Angleterre (1546-1549), par M. G. LEFÈVRE-PONTALIS. 1 vol. in-8 raisin. 15 fr.
Correspondance politique de GUILLAUME PELLICIER, ambassadeur de France à Venise (1540-1542), par M. Alexandre TAUSSERAT-RADEL. 1 fort vol. in-8 raisin. 40 fr.

Correspondance des Deys d'Alger avec la Cour de France (1750-1833), recueillie par Eug. PLANTET, attaché au Ministère des Affaires étrangères. 2 vol. in-8 raisin avec 2 planches en taille-douce hors texte. 30 fr.
Correspondance des Beys de Tunis et des Consuls de France avec la Cour (1577-1830), recueillie par Eug. PLANTET, publiée sous les auspices du Ministère des Affaires étrangères. 3 vol. in-8 raisin. TOME I (1577-1700). *Épuisé.* — TOME II (1700-1770). 20 fr. — TOME III (1770-1830). 20 fr.

Les introducteurs des Ambassadeurs (1589-1900). 1 vol. in-4, avec figures dans le texte et planches hors texte. 20 fr.

BIBLIOTHÈQUE SCIENTIFIQUE
INTERNATIONALE

Publiée sous la direction de M. Émile ALGLAVE

*Les titres marqués d'un astérisque * sont adoptés par le Ministère de l'Instruction publique de France pour les bibliothèques des lycées et des collèges.*

LISTE PAR ORDRE D'APPARITION

109 VOLUMES IN-8, CARTONNÉS A L'ANGLAISE, OUVRAGES A 6, 9 ET 12 FR.

1. TYNDALL (J.). * Les Glaciers et les Transformations de l'eau, avec figures. 1 vol. in-8. 7e édition. 6 fr.
2. BAGEHOT. * Lois scientifiques du développement des nations. 1 vol. in-8. 6e édition. 6 fr.
3. MAREY. * La Machine animale. Épuisé.
4. BAIN. * L'Esprit et le Corps. 1 vol. in-8. 6e édition. 6 fr.
5. PETTIGREW. * La Locomotion chez les animaux, marche, natation et vol. 1 vol. in-8, avec figures. 2e édit. 6 fr.
6. HERBERT SPENCER. * La Science sociale. 1 v. in-8. 13e édit. 6 fr.
7. SCHMIDT (O.). * La Descendance de l'homme et le Darwinisme. 1 vol. in-8, avec fig. 6e édition. 6 fr.
8. MAUDSLEY. * Le Crime et la Folie. 1 vol. in-8. 7e édit. 6 fr.
9. VAN BENEDEN. * Les Commensaux et les Parasites dans le règne animal. 1 vol. in-8, avec figures. 4e édit. 6 fr.
10. BALFOUR STEWART. * La Conservation de l'énergie, avec figures. 1 vol. in-8. 6e édition. 6 fr.
11. DRAPER. Les Conflits de la science et de la religion. 1 vol. in-8. 10e édition. 6 fr.
12. L. DUMONT. * Théorie scientifique de la sensibilité. Le plaisir et la douleur. 1 vol. in-8. 4e édition. 6 fr.
13. SCHUTZENBERGER. * Les Fermentations. 1 v. in-8. 6e édit. 6 fr.
14. WHITNEY. * La Vie du langage. 1 vol. in-8. 4e édit. 6 fr.
15. COOKE et BERKELEY. * Les Champignons. in-8, av. fig., 4e éd. 6 fr.
16. BERNSTEIN. * Les Sens. 1 vol. in-8, avec 91 fig. 5e édit. 6 fr.
17. BERTHELOT. * La Synthèse chimique. 1 vol. in-8. 8e édit. 6 fr.
18. MIAWMIGLOWSKI (H.). * La photographie et la photochimie. 1 vol. in-8, avec gravures et une planche hors texte. 6 fr.
19. LUYS. * Le Cerveau et ses fonctions. Épuisé.
20. STANLEY JEVONS. * La Monnaie. Épuisé.
21. FUCHS. * Les Volcans et les Tremblements de terre. 1 vol. in-8, avec figures et une carte en couleurs. 5e édition. 6 fr.
22. GÉNÉRAL BRIALMONT. * Les Camps retranchés. Épuisé.
23. DE QUATREFAGES. * L'Espèce humaine. 1 v. in-8. 13e édit. 6 fr.
24. BLASERNA et HELMHOLTZ. * Le Son et la Musique. 1 vol. in-8, avec figures. 5e édition. 6 fr.
25. ROSENTHAL. * Les Nerfs et les Muscles. Épuisé.
26. BRUCKE et HELMHOLTZ. * Principes scientifiques des beaux-arts. 1 vol. in-8, avec 39 figures. 4e édition. 6 fr.

27. WURTZ. * La Théorie atomique. 1 vol. in-8. 9° édition. 6 fr.
28-29. SECCHI (le père). * Les Étoiles, 2 vol. in-8, avec 63 figures dans le texte et 17 pl. en noir et en couleurs hors texte. 3° édit. 12 fr.
30. JOLY. * L'Homme avant les métaux. *Épuisé.*
31. A. BAIN. * La Science de l'éducation. 1 vol. in-8. 9° édit. 6 fr.
32-33. THURSTON (R.). * Histoire de la machine à vapeur. 2 vol. in-8, avec 140 fig. et 16 planches hors texte. 3° édition. 12 fr.
34. HARTMANN (R.). * Les Peuples de l'Afrique. *Épuisé.*
35. HERBERT SPENCER. * Les Bases de la morale évolutionniste. 1 vol. in-8. 6° édition. 6 fr.
36. HUXLEY. * L'Écrevisse, introduction à l'étude de la zoologie. 1 vol. in-8, avec figures. 2° édition. 6 fr.
37. DE ROBERTY. * La Sociologie. 1 vol. in-8. 3° édition. 6 fr.
38. ROOD. * Théorie scientifique des couleurs. 1 vol. in-8, avec figures et une planche en couleurs hors texte. 2° édition. 6 fr.
39. DE SAPORTA et MARION. * L'Évolution du règne végétal (les Cryptogames). *Épuisé.*
40-41. CHARLTON BASTIAN. * Le Cerveau, organe de la pensée chez l'homme et chez les animaux. 2 vol. in-8, avec figures. 2° éd. 12 fr.
42. JAMES SULLY. * Les Illusions des sens et de l'esprit. 1 vol. in-8, avec figures. 3° édit. 6 fr.
43. YOUNG. * Le Soleil. *Épuisé.*
44. DE CANDOLLE. * L'origine des plantes cultivées. 4° éd. 1 v. in-8. 6 fr.
45-46. SIR JOHN LUBBOCK. * Fourmis, abeilles et guêpes. *Épuisé.*
47. PERRIER (Edm.). La Philosophie zoologique avant Darwin. 1 vol. in-8. 3° édition. 6 fr.
48. STALLO. * La Matière et la Physique moderne. 1 vol. in-8. 3° éd., précédé d'une Introduction par Ch. FRIEDEL. 6 fr.
49. MANTEGAZZA. La Physionomie et l'Expression des sentiments. 1 vol. in-8. 3° édit., avec huit planches hors texte. 6 fr.
50. DE MEYER. * Les Organes de la parole et leur emploi pour la formation des sons du langage. In-8, avec 51 fig. 6 fr.
51. DE LANESSAN. * Introduction à l'Étude de la botanique (le Sapin). 1 vol. in-8. 2° édit., avec 143 figures. 6 fr.
52-53. DE SAPORTA et MARION. * L'Évolution du règne végétal (les Phanérogames). 2 vol. *Épuisé.*
54. TROUESSART. * Les Microbes, les Ferments et les Moisissures. 1 vol. in-8. 2° édit., avec 107 figures. 6 fr.
55. HARTMANN (R.). * Les Singes anthropoïdes. *Épuisé.*
56. SCHMIDT (O.). * Les Mammifères dans leurs rapports avec leurs ancêtres géologiques. 1 vol. in-8, avec 51 figures. 6 fr.
57. BINET et FÉRÉ. Le Magnétisme animal. 1 vol. in-8. 4° édit. 6 fr.
58-59. ROMANES. * L'intelligence des animaux. 2 v. in-8. 3° édit. 12 fr.
60. LAGRANGE (F.). Physiol. des exerc. du corps. 1 v. in-8. 7° éd. 6 fr.
61. DREYFUS. * Évolution des mondes et des sociétés. 1 v. in-8. 6 fr.
62. DAUBRÉE. * Les Régions invisibles du globe et des espaces célestes. 1 vol. in-8, avec 85 fig. dans le texte. 2° édit. 6 fr.
63-64. SIR JOHN LUBBOCK. * L'Homme préhistorique. 2 vol. *Épuisé.*
65. RICHET (Ch.). La Chaleur animale. 1 vol. in-8, avec figures. 6 fr.
66. FALSAN (A.). * La Période glaciaire. *Épuisé.*
67. BEAUNIS (H.). Les Sensations internes. 1 vol. in-8. 6 fr.
68. CARTAILHAC (E.). La France préhistorique, d'après les sépultures et les monuments. 1 vol. in-8, avec 162 figures. 2° édit. 6 fr.
69. BERTHELOT. * La Révol. chimique, Lavoisier. 1 vol. in-8. 2° éd. 6 fr.
70. SIR JOHN LUBBOCK. * Les Sens et l'instinct chez les animaux, principalement chez les insectes. 1 vol. in-8, avec 150 figures. 6 fr.
71. STARCKE. * La Famille primitive. 1 vol. in-8. 6 fr.
72. ARLOING. * Les Virus. 1 vol. in-8, avec figures. 6 fr.

73. TOPINARD. *L'Homme dans la Nature. 1 vol. in-8, avec fig.   6 fr.
74. BINET (Alf.). *Les Altérations de la personnalité. In-8, 2 éd. 6 fr.
75. DE QUATREFAGES (A.). *Darwin et ses précurseurs français. 1 vol. in-8. 2e édition refondue.   6 fr.
76. LEFÈVRE (A.). *Les Races et les langues. 1 vol. in-8.   6 fr.
77-78. DE QUATREFAGES (A.). *Les Émules de Darwin. 2 vol. in-8, avec préfaces de MM. Edm. PERRIER et HAMY.   12 fr.
79. BRUNACHE (P.). *Le Centre de l'Afrique. Autour du Tchad. 1 vol. in-8, avec figures.   6 fr.
80. ANGOT (A.). *Les Aurores polaires. 1 vol. in-8, avec figures.   6 fr.
81. JACCARD. * Le pétrole, le bitume et l'asphalte au point de vue géologique. 1 vol. in-8, avec figures.   6 fr.
82. MEUNIER (Stan.). *La Géologie comparée. 2e éd. in-8, avec fig.   6 fr.
83. LE DANTEC. *Théorie nouvelle de la vie. 3e éd. 1 v. in-8, avec fig.   6 fr.
84. DE LANESSAN. * Principes de colonisation. 1 vol. in-8.   6 fr.
85. DEMOOR, MASSART et VANDERVELDE. *L'évolution régressive en biologie et en sociologie. 1 vol. in-8, avec gravures.   6 fr.
86. MORTILLET (G. de). *Formation de la Nation française. 2e édit. 1 vol. in-8, avec 150 gravures et 18 cartes.   6 fr.
87. ROCHÉ (G.). *La Culture des Mers (piscifacture, pisciculture, ostréiculture). 1 vol. in-8, avec 81 gravures.   6 fr.
88. COSTANTIN (J.). *Les Végétaux et les Milieux cosmiques (adaptation, évolution). 1 vol. in-8, avec 171 gravures.   6 fr.
89. LE DANTEC. L'évolution individuelle et l'hérédité. 1 vol. in-8.   6 fr.
90. GUIGNET et GARNIER. * La Céramique ancienne et moderne. 1 vol., avec grav.   6 fr.
91. GELLÉ (E.-M.). *L'audition et ses organes. 1 v. in-8, avec grav.   6 fr.
92. MEUNIER (St.). *La Géologie expérimentale. 2e éd. in-8, av. gr.   6 fr.
93. COSTANTIN (J.). *La Nature tropicale. 1 vol. in-8, avec grav.   6 fr.
94. GROSSE (E.). *Les débuts de l'art. Introduction de L. MARILLIER. 1 vol. in-8, avec 32 gravures dans le texte et 3 pl. hors texte.   6 fr.
95. GRASSET (J.). Les Maladies de l'orientation et de l'équilibre. 1 vol. in-8, avec gravures.   6 fr.
96. DEMENŸ (G.). *Les bases scientifiques de l'éducation physique. 1 vol. in-8, avec 198 gravures. 3e édit.   6 fr.
97. MALMÉJAC (F.). *L'eau dans l'alimentation. 1 v. in-8, avec grav.   6 fr.
98. MEUNIER (Stan.). *La géologie générale. 1 v. in-8, avec grav.   6 fr.
99. DEMENŸ (G.). Mécanisme et éducation des mouvements. 2e édit. 1 vol. in-8, avec 565 gravures.   9 fr.
100. BOURDEAU (L.). Histoire de l'habillement et de la parure. 1 vol. in-8.   6 fr.
101. MOSSO (A.). *Les exercices physiques et le développement intellectuel. 1 vol. in-8.   6 fr.
102. LE DANTEC (F.). Les lois naturelles. 1 vol. in-8, avec grav.   6 fr.
103. NORMAN LOCKYER. *L'évolution inorganique. 1 vol. in-8, avec 42 gravures.   6 fr.
104. COLAJANNI (N.). *Latins et Anglo-Saxons. 1 vol. in-8.   9 fr.
105. JAVAL (E.). *Physiologie de la lecture et de l'écriture. 1 vol. in-8, avec 96 gravures, 2e édition.   6 fr.
106. COSTANTIN (J.). *Le Transformisme appliqué à l'agriculture. 1 vol. in-8, avec 105 gravures.   6 fr.
107. LALOY (L.). *Parasitisme et mutualisme en agriculture. Préface du Pr A. GIARD. 1 vol. in-8, avec 82 gravures.   6 fr.
108. CONSTANTIN (Capitaine). Le rôle sociologique de la guerre et le sentiment national. Suivi de la traduction de *La guerre, moyen de sélection collective*, par le Dr STEINMETZ. 1 vol.   6 fr.
109. LOEB. La dynamique de l'apparition de la vie. Traduit de l'allemand par MM. DAUDIN et SCHAEFFER. 1 vol. avec fig.   9 fr.

RÉCENTES PUBLICATIONS

HISTORIQUES, PHILOSOPHIQUES ET ... SOCIALES

qu'on ne trouvent pas dans les collections ...

ALAUX. Esquisse d'une philosophie ...
— Les Problèmes religieux au XIX° siècle. 1 vol. in-8 ... 7.50
— Philosophie morale et politique, in-8, 1893. 7.50
— Théorie de l'âme humaine. 1 vol. in-8, 1891. ...
— Dieu et le Monde. *Essai de phil. première.* In-8 ...
AMABLE (Louis). Une loge maçonnique d'avant ...
ANDRÉ (L.), docteur ès lettres. Michel Le Tellier et ...
l'armée monarchique. 1 vol. in-8 *(couronné par ...)* 1906.
— Deux mémoires inédits de Claude Le Pelletier ...
ARNAUNE (A.), directeur de la Monnaie. La monnaie, le ... et le
change. 3° édition, revue et augmentée. 1 vol. in-8, 1906.
ARRÉAT. Une Éducation intellectuelle. 1 vol. in-18 ...
— Journal d'un philosophe. 1 vol. in-18. ...
*Autour du monde, par les Boursiers de voyage ...
(Fondation Albert Kahn).* 1 vol. gr. in-8, 1904.
ASLAN (G.). La Morale selon Guyau. 1 vol. in-8, ...
ATGER (F.). Hist. des doctrines du contrat social ...
AZAM. Hypnotisme et double conscience. 1 vol ...
BACHA (E.). Le Génie de Tacite. 1 vol. in-8 ...
BALFOUR STEWART et TAIT. L'Univers invisible ...
BELLANGER (A.), docteur ès lettres. Les concepts ...
intentionnelle de l'esprit. 1 vol. in-8, 1905. ...
BENOIST-HANAPPIER (L.), docteur ès lettres. Le drame ...
Allemagne. In-8. *Couronné par l'Académie française* ...
BERNATH (de). Cléopâtre. *Sa vie, son règne.* 1 vol. in-8 ...
BERTON (H.), docteur en droit. L'évolution ...
second empire. Doctrines, textes, histoire. 1 fort vol. in-8, 1900.
BLUM (É.), agrégé de philosophie. La Déclaration des droits de
l'homme. Texte et commentaire. Préface de M. C.-A. ..., directeur
général. *Récompensé par l'Institut.* 3° édit. 1 vol. in-18, 1905.
BOURDEAU (Louis). Théorie des sciences. 2 vol. in-8 ...
— La Conquête du monde animal. In-8. ...
— La Conquête du monde végétal. In-8, 1893. ...
— L'Histoire et les historiens. 1 vol. in-8. ...
— Histoire de l'alimentation. 1901. 1 vol. ...
BOUTROUX (Ém.), de l'Institut. De l'idée de loi naturelle dans la
science et la philosophie. 1 vol. in-8.
BRANDON-SALVADOR (Mme). À travers les moissons, ... dans les
Apocryphes, Poètes et moralistes juifs du moyen âge. In-12, 1903.
BRASSEUR. La question fiscale. 1 vol. in-8, 1901.
BROOKS ADAMS. Loi de la civilisation et de la décadence. In-8. 7.50
BROUSSEAU (K.). Éducation des Nègres aux États-Unis. In-12 ...
BÜCHER (Karl). Études d'histoire et d'économie politique. In-8, 1901.
BUDE (E. de). Les Bonaparte en Suisse. 1 vol. in-18, 1905. ...
BUROT (G.D.). Psychologie individuelle et sociale. In-18, 1901.
CANTON (G.). Napoléon antimilitariste. 1902. In-18 ...
CARDON (G.). La Fondation de l'Université de Douai. In-8. ...
CELIS (A.). Science de l'homme et anthropologie. 1901. In-8. 7.50
CHARRIAUT (H.). Après la séparation. *Enquête sur l'avenir des Églises.*
1 vol. in-12, 1905. 3.50
CLAMAGERAN. La Réaction économique et la démocratie. In-18, ...
— La lutte contre le mal. 1 vol. in-18, 1897. 3.50

**CLAMAGERAN. *Études politiques, économiques et administratives.*
Préface de M. BERTHELOT. 1 vol. gr. in-8. 1904.** 10 fr.
— **Philosophie religieuse.** *Art et voyages.* 1 vol. in-12. 1904. 3 fr. 50
— **Correspondance (1849-1902).** 1 vol. gr. in-8. 1905. 10 fr.
COLLIGNON (A.). Diderot. 2ᵉ édit. 1907. In-12. 3 fr. 50
COMBARIEU (J.). *Les rapports de la musique et de la poésie consi-
dérés au point de vue de l'expression. 1 vol. in-8. 1893. 7 fr. 50
Congrès de l'Éducation sociale, Paris 1900. 1 vol. in-8. 1901. 10 fr.
IVᵉ Congrès international de Psychologie, Paris 1900. In-8. 20 fr.
Vᵉ Congrès international de Psychologie, Rome 1905. In-8. 20 fr.
Congrès de l'enseignement des Sciences sociales, Paris 1900.
1 vol. in-8. 1901. 7 fr. 50
COSTE. Économie polit. et physiol. sociale. In-18. 3 fr. 50 (V. p. 2 et 6).
COUBERTIN (P. de). La gymnastique utilitaire. *Défense. Sauvetage.*
Locomotion. 2ᵉ édit. 1 vol. in-12. 2 fr. 50
COUTURAT (Louis). *De l'infini mathématique. In-8. 1896. 12 fr.
DANY (G.), docteur en droit. ***Les idées politiques en Pologne à la
fin du XVIIIᵉ siècle.** *La Constit. du 3 mai 1793.* In-8. 1901. 6 fr.
DAREL (Th.). La Folie. *Ses causes. Sa thérapeutique.* 1901. In-12. 4 fr.
— **Le peuple-roi.** *Essai de sociologie universaliste.* In-8. 1904. 3 fr. 50
DAURIAC. Croyance et réalité. 1 vol. in-18. 1889. 3 fr. 50
— **Le Réalisme de Reid.** In-8. 1 fr.
DEFOURNY (M.). La sociologie positiviste. *Auguste Comte.* In-8. 1902. 6 fr.
DERAISMES (Mˡˡᵉ Maria). Œuvres complètes. 4 vol. Chacun. 3 fr. 50
DESCHAMPS. Principes de morale sociale. 1 vol. in-8. 1903. 3 fr. 50
DESPAUX. Genèse de la matière et de l'énergie. In-8. 1900. 4 fr.
— **Causes des énergies attractives.** 1 vol. in-8. 1902. 5 fr.
— **Explication mécanique de la matière, de l'électricité et du
magnétisme.** 1 vol. in-8. 1905. 4 fr.
DOLLOT (R.), docteur en droit. **Les origines de la neutralité de la
Belgique (1609-1830).** 1 vol. in-8. 1902. 10 fr.
DUBUC (P.). *Essai sur la méthode en métaphysique. 1 vol. in-8. 5 fr.
DUGAS (L.). *L'amitié antique. 1 vol. in-8. 7 fr. 50
DUNAN. *Sur les formes a priori de la sensibilité. 1 vol. in-8. 5 fr.
**DUNANT (E.). Les relations diplomatiques de la France et de la
République helvétique (1798-1803).** 1 vol. in-8. 1902. 20 fr.
DU POTET. Traité complet de magnétisme. 5ᵉ éd. 1 vol. in-8. 8 fr.
— **Manuel de l'étudiant magnétiseur.** 6ᵉ éd., gr. in-18, avec fig. 3 fr. 50
— **Le magnétisme opposé à la médecine.** 1 vol. in-8. 6 fr.
DUPUY (Paul). Les fondements de la morale. In-8. 1900. 5 fr.
— **Méthodes et concepts.** 1 vol. in-8. 1903. 5 fr.
***Entre Camarades,** par les anciens élèves de l'Université de Paris. *His-
toire, littérature, philologie, philosophie.* 1901, in-8. 10 fr.
ESPINAS (A.). *Les Origines de la technologie. 1 vol. in-8. 1897. 5 fr.
FERRÈRE (F.). La situation religieuse de l'Afrique romaine depuis
la fin du IVᵉ siècle jusqu'à l'invasion des Vandales. 1 v. in-8. 1898. 7 fr. 50
FERRIÈRE (Em.). Les Apôtres, essai d'histoire religieuse. 1 vol. in-12. 4 fr. 50
— **L'Ame est la fonction du cerveau.** 2 volumes in-18. 7 fr.
— **Le Paganisme des Hébreux.** 1 vol. in-18. 3 fr. 50
— **La Matière et l'Énergie.** 1 vol. in-18. 4 fr. 50
— **L'Ame et la Vie.** 1 vol. in-18. 4 fr. 50
— **Les Mythes de la Bible.** 1 vol. in-18. 1893. 3 fr. 50
— **La Cause première d'après les données expérim.** In-18. 1896. 3 fr. 50
— **Étymologie de 400 prénoms.** In-18. 1898. 1 fr. 50. (V. p. 11.)
Fondation universitaire de Belleville (La). Ch. GIDE. *Travail intellect.*
et travail manuel; J. BARDOUX. *Prem. efforts et prem. année.* In-16. 1 fr. 50
**GELEY (G.). Les preuves du transformisme et les enseignements
de la doctrine évolutionniste.** 1 vol. in-8. 1901. 6 fr.

GILLET (M.). **Fondement intellectuel de la morale.** In-8. 3 fr. 75
GIRAUD-TEULON. **Les origines de la papauté** *d'après Dollinger.*
1 vol. in-12. 1905. 2 fr.
GOURD. **Le Phénomène.** 1 vol. in-8. 7 fr. 50
GREEF (Guillaume de). **Introduction à la Sociologie.** 2 vol. in-8. 10 fr.
— L'évol. des croyances et des doctr. polit. In-12. 1895. 4 fr. (V. p. 3 et 8.)
GRIVEAU (M.). **Les Éléments du beau.** In-18. 4 fr. 50
— **La Sphère de beauté,** 1901. 1 vol. in-8. 10 fr.
GUEX (F.), professeur à l'Université de Lausanne. **Histoire de l'Instruc-**
tion et de l'Éducation. In-8 avec gravures, 1906. 6 fr.
GUYAU. **Vers d'un philosophe.** In-18. 3e édit. 3 fr. 50
HALLEUX (J.). **L'Évolutionnisme en morale** (*H. Spencer*). In-12.
1901. 3 fr. 50
HALOT (C.). **L'Extrême-Orient.** *Études d'hier. Événements d'aujourd'hui.*
1 vol. in-16. 1905. 4 fr.
HOCQUART (E.). **L'Art de juger le caractère des hommes sur leur**
écriture, préface de J. CRÉPIEUX-JAMIN. Br. in-8. 1898. 1 fr.
HORVATH, KARDOS et ENDRODI. *Histoire de la littérature hongroise,*
adapté du hongrois par J. KONT. Gr. in-8, avec gr. 1900. Br. 10 fr. Rel. 15 fr.
ICARD. **Paradoxes ou vérités.** 1 vol. in-12. 1895. 3 fr. 50
JAMES (W.). **L'Expérience religieuse,** traduit par F. ABAUZIT, agrégé
de philosophie. 1 vol. in-8°. 2e éd. 1907. Cour. par l'Acad. française. 10 fr.
JANSSENS (E.). **Le néo-criticisme de Ch. Renouvier.** In-16. 1904. 3 fr. 50
— **La philosophie et l'apologétique de Pascal.** 1 vol. in-16. 4 fr.
JOURDY (Général). **L'instruction de l'armée française,** de 1815 à
1902. 1 vol. in-16. 1903. 3 fr. 50
JOYAU. **De l'Invention dans les arts et dans les sciences.** 1 v. in-8. 5 fr.
— **Essai sur la liberté morale.** 1 vol. in-18. 3 fr. 50
KARPPE (S.), docteur ès lettres. **Les origines et la nature du Zohar,**
précédé d'une *Étude sur l'histoire de la Kabbale.* 1901. In-8. 7 fr. 50
KAUFMANN. **La cause finale et son importance.** In-12. 2 fr. 50
KINGSFORD (A.) et MAITLAND (E.). **La Voie parfaite ou le Christ éso-**
térique, précédé d'une préface d'Édouard SCHURÉ. 1 vol. in-8. 1892. 6 fr.
KOSTYLEFF. **Esquisse d'une évolution dans l'histoire de la**
philosophie. 1 vol. in-16. 1903. 2 fr. 50
— **Les substituts de l'âme dans la psychologie moderne.** 1 vol.
in-8. 1906. 4 fr.
LACOMBE (Cte de). **La maladie contemporaine.** *Examen des principaux*
problèmes sociaux au point de vue positiviste. 1 vol. in-8. 1906. 3 fr. 50
LAFONTAINE. **L'art de magnétiser.** 7e édit. 1 vol. in-8. 5 fr.
— **Mémoires d'un magnétiseur.** 2 vol. gr. in-18. 7 fr.
LANESSAN (de). **Le Programme maritime de 1900-1906.** In-12.
2e éd. 1903. 3 fr. 50
LASSERRE (A.). **La participation collective des femmes à la**
Révolution française. In-8. 1905. 5 fr.
LAVELEYE (Em. de). **De l'avenir des peuples catholiques.** In-8. 25 c.
LEFÉBURE (Ct). **Méthode de gymnastique éducative.** 1905. In-8. 5 fr.
LEMAIRE (P.). **Le cartésianisme chez les Bénédictins.** In-8. 6 fr. 50
LEMAITRE (J.), professeur au Collège de Genève. **Audition colorée et**
phénomènes connexes observés chez des écoliers. In-12. 1900. 4 fr.
LETAINTURIER (J.). **Le socialisme devant le bon sens.** In-18. 1 fr. 50
LEVI (Éliphas). **Dogme et rituel de la haute magie.** 3e édit. 2 vol.
in-8, avec 24 figures. 18 fr.
— **Histoire de la magie.** Nouvelle édit. 1 vol. in-8, avec 90 fig. 12 fr.
— **La clef des grands mystères.** 1 vol. in-8, avec 22 pl. 12 fr.
— **La science des esprits.** 1 vol. 7 fr.
LEVY (L.-G.), docteur ès lettres. **La famille dans l'antiquité israélite.**
1 vol. in-8. 1905. Couronné par l'Académie française. 5 fr.

LÉVY-SCHNEIDER (L.), docteur ès lettres. **Le conventionnel Jean-bon Saint-André (1749-1813).** 1901. 2 vol. in-8.   15 fr.
LICHTENBERGER (A.). **Le socialisme au XVIII° siècle.** In-8.   — 7 fr. 50
LIESSE (A.), prof. au Conservatoire des Arts et Métiers. **La statistique.** *Ses difficultés. Ses procédés. Ses résultats.* In-16, 1905.   2 fr. 50
MABILLEAU (L.). *****Histoire de la philos. atomistique.** In-8. 1895. 12 fr.
MAGNIN (E.). **L'art et l'hypnose.** 1 vol. in-8 avec gravures et planches, cart. 1906.   20 fr.
MAINDRON (Ernest). *****L'Académie des sciences** (Histoire de l'Académie; fondation de l'Institut national ; Bonaparte, membre de l'Institut). In-8 cavalier, 53 grav., portraits, plans. 8 pl. hors texte et 2 autographes.   6 fr.
MANDOUL (J.). **Un homme d'État Italien : Joseph de Maistre.** In-8. 8 fr.
MARGUERY (E.). **Le droit de propriété et le régime démocratique.** 1 vol. in-16. 1905.   2 fr. 50
MARIÉTAN (J.). **La classification des sciences, d'Aristote à saint Thomas.** 1 vol. in-8. 1901.   3 fr.
MATAGRIN. **L'esthétique de Lotze.** 1 vol. in-12. 1900.   2 fr.
MERCIER (Mgr). **Les origines de la psych. contemp.** In-12. 1898. 5 fr.
MICHOTTE (A.). **Les signes régionaux** (répartition de la sensibilité tactile). 1 vol. in-8 avec planches, 1905.   5 fr.
MILHAUD (G.) *****Le positiv. et le progrès de l'esprit.** In-16. 1902. 2 fr. 50
MILLERAND, FAGNOT, STROHL. **La durée légale du travail.** in-12. 1906.   2 fr. 50
MODESTOV (B.). **Introduction à l'Histoire romaine.** *L'ethnologie préhistorique, les influences civilisatrices à l'époque préromaine et les commencements de Rome,* traduit du russe sur MICHEL DELINES. Avant-propos de M. SALOMON REINACH, de l'Institut. 1 vol. in-4 avec 36 planches hors texte et 27 figures dans le texte. 1907.   15 fr.
MONNIER (Marcel). *****Le drame chinois.** 1 vol. in-16. 1900.   2 fr. 50
NEPLUYEFF (N. de). **La confrérie ouvrière et ses écoles,** in-12. 2 fr.
NODET (V.). **Les agnosies, la cécité psychique.** In-8. 1899.   4 fr.
NOVICOW (J.). **La Question d'Alsace-Lorraine.** In-8. 1 fr. (V. p. 4, 10 et 19.)
— **La Fédération de l'Europe.** 1 vol. in-18. 2° édit. 1901.   3 fr. 50
— **L'affranchissement de la femme.** 1 vol. in-16. 1903.   3 fr.
OVERBERGH (C. VAN). **La réforme de l'enseignement.** 2 vol. in-8. 1906.   10 fr.
PARIS (Comte de). **Les Associations ouvrières en Angleterre** (Trades-unions). 1 vol. in-18. 7° édit. 1 fr. — Édition sur papier fort.   2 fr. 50
PARISET (G.), professeur à l'Université de Nancy. **La Revue germanique de Dollfus et Nefftzer.** In-8. 1906.   2 fr.
PAUL-BONCOUR (J.). **Le fédéralisme économique,** préf. de M. WALDECK-ROUSSEAU. 1 vol. in-8. 2° édition. 1901.   6 fr.
PAULHAN (Fr.). **Le Nouveau mysticisme.** 1 vol. in-18.   2 fr. 50
PELLETAN (Eugène). *****La Naissance d'une ville** (Royan). In-18.   2 fr.
— *****Jarousseau, le pasteur du désert.** 1 vol. in-18.   2 fr.
— *****Un Roi philosophe.** *Frédéric le Grand.* In-18.   3 fr. 50
— **Droits de l'homme.** In-16.   3 fr. 50
— **Profession de foi du XIX° siècle.** In-16.   3 fr. 50
PEREZ (Bernard). **Mes deux chats.** In-12, 2° édition.   1 fr. 50
— **Jacotot et sa Méthode d'émancipation intellect.** In-18. 3 fr.
— **Dictionnaire abrégé de philosophie.** 1893. in-12. 1 fr. 50 (V. p. 9.)
PHILBERT (Louis). **Le Rire.** In-8. (Cour. par l'Académie française.) 7 fr. 50
PHILIPPE (J.). **Lucrèce dans la théologie chrétienne.** In-8.   2 fr. 50
PHILIPPSON (J.). **L'autonomie et la centralisation du système nerveux des animaux.** 1 vol. in-8 avec planches. 1905.   5 fr.
PIAT (C.). **L'Intellect actif.** 1 vol. in-8.   4 fr.
— **L'Idée ou critique du Kantisme.** 2° édition 1901. 1 vol. in-8. 6 fr.

PICARD (Ch.). Sémites et Aryens (1893). In-18. 3 fr. 50
PICTET (Raoul). Étude critique du matérialisme et du spiritualisme par la physique expérimentale. 1 vol. gr. in-8. 10 fr.
PINLOCHE (A.), professeur hon[re] de l'Univ. de Lille. *Pestalozzi et l'éducation populaire moderne. In-16. 1902. (Cour. par l'Institut.) 2 fr. 50
POEY. Littré et Auguste Comte. 1 vol. in-18. 3 fr. 50
PRAT (Louis). Le mystère de Platon (Aglaophamos). 1 v. in-8. 1900. 4 fr.
— L'Art et la beauté (Kallikles). 1 vol. in-8. 1903. 5 fr.
Protection légale des travailleurs (La). 1 vol. in-12. 1904. 3 fr. 50
  Les dix conférences composant ce volume se vendent séparées chacune. 0 fr. 60
REGNAUD (P.). L'origine des idées éclairée par la science du langage. 1904. In-12. 1 fr. 50
RENOUVIER, de l'Inst. Uchronie. *Utopie dans l'Histoire.* 2e éd. 1901. In-8. 7.50
ROBERTY (J.-E.). Auguste Bouvier, pasteur et théologien protestant, 1826-1893. 1 fort vol. in-12. 1901. 3 fr. 50
ROISEL. Chronologie des temps préhistoriques. In-12. 1900. 4 fr.
ROTT (Ed.). La représentation diplomatique de la France auprès des cantons suisses confédérés. T. I (1498-1559). Gr. in-8. 1900. 12 fr. — T. II (1559-1610). Gr. in-8. 1902. T. III (1610-1626). Gr. in-8. 1906. 20 fr.
SABATIER (C.). Le Duplicisme humain. 1 vol. in-18. 1906. 2 fr. 50
SAUSSURE (L. de). *Psychol. de la colonisation franç. In-12. 3 fr. 50
SAYOUS (E.), *Histoire générale des Hongrois. 2e éd. revisée. 1 vol. grand in-8, avec grav. et pl. hors texte. 1900. Br. 15 fr. Relié. 20 fr.
SCHILLER (Études sur), par MM. Schmidt, Fauconney, Andler, Xavier Léon, Spenlé, Baldensperger, Dresch, Tibal, Ehrhard, Mme Falay, Rach d'Eckardt, H. Lichtenberger, A. Lévy. In-8. 1906. 4 fr.
SCHINZ. Problème de la tragédie en Allemagne. In-8. 1903. 1 fr. 25
SECRÉTAN (H.). La Société et la morale. 1 vol. in-12. 1897. 3 fr. 50
SEIPPEL (P.), professeur à l'École polytechnique de Zurich. Les deux Frances et leurs origines historiques. 1 vol in-8. 1906. 7 fr. 50
SIGOGNE (E.). Socialisme et monarchie. In-16. 1906. 2 fr. 50
SKARZYNSKI (L.). *Le progrès social à la fin du XIXe siècle. Préface de M. Léon Bourgeois. 1901. 1 vol. in-12. 4 fr. 50
SOREL (Albert), de l'Acad. franç. Traité de Paris de 1815. In-8. 4 fr. 50
TEMMERMAN, directeur d'École normale. Notions de psychologie appliquées à la pédagogie et à la didactique. In-8, avec fig. 1903. 3 fr.
VALENTINO (Dr Ch.). Notes sur l'Inde. In-16. 1906. 4 fr.
VAN BIERVLIET (J.-J.). Psychologie humaine. 1 vol. in-8. 8 fr.
— La Mémoire. Br. in-8. 1893. 2 fr.
— Études de psychologie. 1 vol. in-8. 1901. 4 fr.
— Causeries psychologiques. 2 vol. in-8. Chacun. 3 fr.
— Esquisse d'une éducation de la mémoire. 1904. In-16. 2 fr.
VERMALE (F.). La répartition des biens ecclésiastiques nationalisés dans le département du Rhône. In-8. 1906. 2 fr. 50
VITALIS. Correspondance politique de Dominique de Gabre. 1904. 1 vol. in-8. 12 fr. 50
WYLM (Dr A.). La morale sexuelle. 1907. In-8. 5 fr.
ZAPLETAL. Le récit de la création dans la Genèse. In-8. 3 fr. 50
ZOLLA (D.). Les questions agricoles d'hier et d'aujourd'hui. 1894, 1895. 2 vol. in-12. Chacun. 3 fr. 50

TABLE ALPHABÉTIQUE DES AUTEURS

TABLE DES AUTEURS ÉTUDIÉS

3445. — Imp. Motteroz et Martinet, rue Saint-Benoît, 7, Paris.

FÉLIX ALCAN, ÉDITEUR, 108, boulevard Saint-Germain, Paris, 6e

EXTRAIT DU CATALOGUE

PHILOSOPHIE SCIENTIFIQUE

BLONDEL (Hervé). — Les approximations de la vérité. 1 vol. in-16 . . . . **2 fr. 50**
BOIRAC (Emile), recteur de l'Académie de Dijon. — L'idée de phénomène. 1 vol. . **5 fr. »**
BOUCHER (M.). — Essai sur l'hyperespace, le temps, la matière et l'énergie. 2e édit. 1 vol. in-16 . . . . **2 fr. 50**
BOURDEAU (Louis). — Le problème de la mort et ses solutions imaginaires. 4e édit. 1 vol. in-8. . . . . **5 fr. »**
— Le problème de la vie. *Essai de sociologie générale.* 1 vol. in-8 . . . . . **7 fr. 50**
BOUTROUX (E.), de l'Institut, professeur à la Sorbonne. — De la contingence des lois de la nature. 6e édit. 1 vol. in-16 . . . . **2 fr. 50**
CRESSON (R.), docteur ès lettres, agrégé de philosophie. — Les bases de la philosophie naturaliste. 1 vol. in-16 . . . . **2 fr. 50**
DUNAN, professeur au collège Rollin, docteur ès lettres. — La théorie psychologique de l'espace. 1 vol. in-16 . . . . **2 fr. 50**
ESPINAS (A.), de l'Institut, professeur à la Sorbonne. — La philosophie expérimentale en Italie. 1 vol. in-16 . . . . **2 fr. 50**
FÉRÉ (Ch.), médecin de Bicêtre. — Sensation et mouvement. 2e édit. 1 vol. in-16 avec gravures . . . . **2 fr. 50**
GLEY (E.), de l'Académie de médecine, professeur agrégé à la Faculté de médecine de Paris. — Etudes de psychologie physiologique et pathologique. 1 vol. in-8 avec grav. **5 fr. »**
GOBLOT (E.), professeur à l'Université de Lyon. — Essai de classification des sciences. 1 vol. in-8 . . . . **5 fr. »**
GRASSET (J.), professeur à l'Université de Montpellier. — Les limites de la biologie. 4e édit. Préface de Paul Bourget. 1 vol. in-16 . . . . **2 fr. 50**
GUYAU (M.). — La genèse de l'idée de temps. 2e édit. 1 vol. in-16 . . . . . **2 fr. 50**
HANNEQUIN (H.), professeur à l'Université de Lyon. — Essai critique sur l'hypothèse des atomes dans la science contemporaine. 2e édit. 1 vol. in-8 . . . . . . **7 fr. 50**
HARTMANN (E. de). — Le darwinisme. *Ce qu'il y a de vrai, ce qu'il y a de faux dans cette doctrine.* 8e édit. 1 vol. in-16 . . . . **2 fr. 50**
LECHALAS (G.), ingénieur en chef des Ponts et Chaussées. — Etude sur l'espace et le temps. 1 vol. in-16 . . . . **2 fr. 50**
LE DANTEC (F.), chargé du cours d'embryogénie à la Sorbonne. — Le déterminisme biologique et la personnalité consciente. 1 vol. in-16 . . . . **2 fr. 50**
— L'individualité et l'erreur individualiste. Préface de A. Giard, professeur à la Sorbonne, 2e édit. 1 vol. in-16 . . . . **2 fr. 50**
— Lamarckiens et Darwiniens. 2e édit. 1 vol. in-16 . . . . **2 fr. 50**
— L'Unité dans l'être vivant. *Essai d'une biologie chimique.* 1 vol. in-8 . . **7 fr. 50**
— Les limites du connaissable. *La vie et les phénomènes naturels.* 2e édit. 1 vol. in-8 **3 fr. 75**
LIARD (L.), de l'Institut, vice-recteur de l'Académie de Paris. — Des définitions géométriques et des définitions empiriques. 3e édit. 1 vol. in-16 . . . . **2 fr. 50**
— La science positive et la métaphysique. 5e édit. 1 vol. in-8 . . . . . . **7 fr. 50**
MARTIN (F.), docteur ès lettres, professeur au lycée Voltaire. — La perception extérieure et la science positive. *Essai de philosophie des sciences.* 1 vol. in-8 . . . **5 fr. »**
NAVILLE (E.), correspondant de l'Institut. — La logique de l'hypothèse. 2e édit. 1 vol. in-8 . . . . **5 fr. 0**
— La physique moderne. 2e édit. 1 vol. in-8 . . . . **5 fr. »**
NAVILLE (Adrien), doyen de la Faculté des lettres de l'Université de Genève. — Classification des sciences. 1 vol. in-16 . . . . **2 fr. 50**
PIOGER (Dr Julien). — Le monde physique. *Essai de conception expérimentale.* 1 vol. in-16 . . . . **2 fr. 50**
PREYER, professeur à l'Université de Berlin. — Eléments de physiologie générale, traduit de l'allemand par M. Jules Soury. 1 vol. in-8 . . . . **5 fr. »**
REY (A.), docteur ès lettres. — La théorie de la physique chez les physiciens contemporains. 1 vol. in-8° . . . . **7 fr. 50**
RICHARD (G.), professeur à l'Université de Bordeaux. — L'idée d'évolution dans la nature et dans l'histoire. 1 vol. in-8 (*Couronné par l'Institut*) . . . . **10 fr. 50**
SAIGEY (Emile). — Les sciences au XVIIIe siècle. *La physique de Voltaire.* 1 vol. in-8 . . . . **5 fr. »**
SPENCER (Herbert). — Classification des sciences, traduit par M. Réthoré. 8e édit. 1 vol. in-16 . . . . **2 fr. 50**
— Principes de biologie, traduit par M. Cazelles, 4e édit., 2 forts vol. in-8 . . . **20 fr. »**
— Essais scientifiques, traduit par M. A. Burdeau. 3e édit. 1 vol. in-8 . . . . **7 fr. 50**

ÉVREUX, IMPRIMERIE CH. HÉRISSEY ET FILS